**KOL**

U0070356

網♥1紅

有多賺

從網拍麻豆到電商寵兒，揭密網紅驚人的吸金能力

 KOL和其他1,000,000人都說讚

KOL 網紅同款訂製？可能只是成本超低的高級山寨品。
直播打賞？你幹嘛養一個比你還有錢的人。

\#最全面的網紅吸金大全
\#只要懂門路
\#你也能成為網紅

唐江山、趙亮亮、于木————編

目錄

序   iv

前言   v

第 1 章
網紅的興起   001

1.1 什麼是網紅 002

1.2 解密網紅歷史 017

1.3 網紅的特徵 018

1.4 網紅為什麼這麼紅 020

第 2 章
網紅經濟的巨大潛力   029

2.1 網紅經濟 030

2.2 粉絲經濟 045

2.3 社群經濟 055

2.4 如何高效利用網紅思維 063

2.5 月入百萬的網紅達人 066

第 3 章
網紅是如何練成的　　　077

3.1 網紅產業的四大趨勢 078

3.2 時勢造網紅 080

3.3 成為網紅的終極祕訣 083

第 4 章
做網紅背後的經紀人　　　105

4.1 網路策劃師 106

4.2 網紅「孵化器」如何營運網紅模式 113

4.3 如何讓網紅變現 120

第 5 章
網紅如何做電商　　　127

5.1 網拍網紅 128

5.2 網紅商業運作解密 137

5.3 如何打造網紅商場 143

5.4 網紅與電商的結合 151

第 6 章
網紅案例　　　165

6.1 「洪荒少女」——傅園慧 166

序

　　人類社會不斷發展，讓社會文明體現出某種時代特色的審美偏好。物換星移，寒來暑往，二十一世紀，社會發展進入一個新高度，很多高科技也迅速闖入了人們的視野，並悄悄改變了我們的生活方式。近年來，以個人電腦和行動網路技術的迅速普及為標誌，「網紅」開始被越來越多的人所接受，甚至逐漸演化為一種令人深思的社會經濟現象。

　　網紅甚至可以跨越時空，古今中外都有網紅的身影。古代不僅有秦始皇、武則天、乾隆帝、慈禧太后等網路紅人，就連曾經很多人叫不上名字的秦宣太后——「芈月」，也隨著電視劇的宣傳和網路的推波助瀾被廣泛認知；國外不僅好萊塢電影明星、著名導演成為實至名歸的「網紅」，而商界翹楚賈伯斯和 Facebook 的創始人馬克.祖克伯也逐漸成為現象級的網紅；在現代，不僅影視明星、商業才子、政壇新秀成為一批又一批的「網紅」，一大批企業家也走向了「網紅」的隊伍。

　　為什麼「網紅」能站在這個時代的前沿，並深刻影響著社會經濟呢？令人深思。編者以哲學、經濟學、社會行為學和新聞學的眼光看網紅存在的必然性、合理性，並透過整理歸類，力圖探討網紅現象的本質，向廣大讀者奉獻一本普及讀物。

編者

前言

什麼是網紅？

網紅是網路紅人的簡稱，簡而言之，網紅就是透過網路的事件行銷或策劃，而成為萬人矚目的焦點，然後再根據曝光量和知名度，進行再創造的一種行銷或自我行銷的方式。

網路經過了十幾年的發展，已經逐漸從最早的聊天室，到社區、到論壇、到部落格、到 Facebook、到 LINE，再到現在的直播。透過數據不難發現，這些平台的變化是，越來越體現出碎片化、縮短化和簡易化三個特性。從最早的「文字版的長篇大論」，到現在的只需點開直播，不需要好的文案，就可以與網友們互動，或者幾個字的貼文，都是在不斷迎合用戶碎片化時間的需求。簡易化是指用戶的需求已經不再「大而全」，而更多的是「簡而易」，這種特性也是網紅時代的一個縮影。至於縮短化，我們可以從 Facebook、Instagram 中看出。Facebook 興起了五到八年，Instagram 時代興起了三到四年，直播時代興起了兩到三年，直播時代剛推出，就已經成為網紅的必爭高地。這種原本屬於社交工具的平台工具，正在被嗅覺靈敏的網路行銷人，作為快速變現的行銷工具。

從社交到行銷，也是這個時代網路工具的特性。

網紅實際上滿足顏值、口才、反應等先天因素就可以快速實現。而即便沒有這些先天特性，透過自己的幽默、表演等，也可以成為網紅。說白了，從文案，到圖片，再到影片，實際

上是用戶越來越懶獲取資訊、需求越來越直接的表現。

那麼怎麼才能透過網紅，實現自我行銷和產品品牌行銷的價值？怎麼才能透過網紅，發掘人生網路的第一桶金？怎麼有效規避網紅所帶來的負面行銷？甚至怎麼成為網紅的孵化器、網紅經紀人？

讀讀這本書，相信會給你一些不一樣的感覺。

由於時間倉促，加之水準有限，書中難免存在錯誤和不妥之處，敬請廣大讀者批評和指正。

最後，感謝各位讀者的支持。如果對網紅也有想法，歡迎與我們一起交流。衷心希望這本書，能對網紅的從業者有所幫助。

編者

第 1 章

網紅的興起

1.1 什麼是網紅

1.1.1 網紅的定義

網紅，即網路紅人的簡稱。是指在現實或者網路生活中，因為某事件或行為而被網友廣泛關注而走紅的人。從一定意義上講，他們因為某種特質在網路傳播的作用下被放大，迎合了網友的審美、審醜、娛樂、刺激、偷窺、臆想等心理，從而有意識或無意識受到網路世界關注，成為「網路紅人」。因此，網紅的產生是網路紅人、網路策劃師、各類媒體以及受眾心理需求等各方面利益綜合催化作用下的產物。

1.1.2 網紅的類型

隨著科技的發展和網路的廣泛應用，電影、電視、文學、音樂、傳統藝術，這些文化領域中，很高的藝術水準也不可能如十幾二十年前的某些「前輩」一樣，成為幾代人的集體記憶。而在網路時代，平民狂歡造就的網路紅人，更被許多專家視為「一種喧囂的泡沫」。這是多元的時代使然，並非人力的結果。一片繁花似錦中，有人倍感失望，也有人如魚得水。那麼，網路紅人和傳統意義上的明星有什麼不同呢？其實說到底還只是成名的平台不同。

1・從粉絲類型分

（1）大眾網紅

現在大多數人眼中的網紅，更多指的是大眾網紅。他們出

色玩轉 Instagram、Facebook、直播等投放管道，受到大批粉絲追隨，流量輕鬆突破十幾萬，快速成為大眾關注焦點。

大眾網紅想要把內容轉化為經濟效益，就必須經濟變現。變現管道主要是依靠打賞、贊助、置入性行銷等，然而商業化、功利化之後，嗅覺靈敏的粉絲又會不買帳，從而不同程度「掉粉」，因此大眾網紅在商業化過程中不斷遭遇「兩難」選擇。

（2）垂直網紅

就是在某個垂直領域的網紅。與大眾網紅吸引「注意力」相比，垂直網紅優勢在於「影響力」。知名投資人認為，網紅其實就是影響力經濟，「影響力經濟其實一直都在，無非現在影響力變現成了網路的幾個形式，關鍵還是看影響力如何，如何累積出來影響力，如何變現。」

有句話叫做「每個創業者都應當成網紅」。某資本創始人認為：「投資網紅首先是垂直細分，一個專業的角落的網紅，可能並非人所共知，其成名過程或許比很多（大眾）網紅慢，但其號召力、變現能力、抗風險能力，是大紅大紫的娛樂網紅們所不能匹敵的。」因此，在夠大的市場中，有無數個垂直細分領域。比如，在經濟領域細分還有財經，再細分有股市、期貨市場、證券市場、收藏市場等等，都是對市場進行垂直細分的結果。

2‧從網紅依附的載體分

（1）文字網紅

最早的網路紅人，屬於文字激揚的時代，那一代的網路紅人，他們共同的特點是以文字安身立命並走紅。

（2）圖文網紅

當網路已經進入快速的圖文時代，這時候的紅人開始如時尚雜誌絢麗多彩，在這樣的時代，網路女性占盡優勢，以圖載文載人。如果要問為什麼，原因就是這時候的網路更有讀圖時代的味道。

（3）影片網紅

當科技不斷發展，資費的平民化促使網路用戶越來越多，進入了寬頻時代，網路歌曲、影片造就了一批網紅。

（4）直播網紅

而目前最紅的當屬網路直播，眾多活躍的俊男正妹依靠自己出眾的外表，風趣的語言和出眾的才藝，贏得了眾多粉絲的青睞，占據了流量的焦點，並獲得價值不菲的打賞，這一時期的網紅數不勝數，人數非常之多。

3．從網紅的表現形式分

（1）有特質的外形

雖然大部分網紅都是美貌帥氣、外形出眾，但不乏一部分網紅靠自己獨特的造型、出格的裝扮和張揚的個性成為流量之王。他們（她們）並不被主流審美所認可，但是卻有極為鮮明的個性和社會影響力。

（2）有價值的內容

　　這部分網紅也許外形看起來非常普通，但是在某個領域或者行業有較為深刻的理解或者較為專業的技藝，其思想或技藝透過自己的理解轉化為文字或聲音及影片，吸引了某個產業領域的粉絲。

　　（3）有整合的能力

　　就好比相似花草，不同的人組合，就會產生迥然相異的藝術效果，在網紅圈子，有那麼一部分網紅不靠顏值，也沒有高深的技藝，但依託強大的整合能力，將不同的資源有效組合，從而產生巨大的客戶黏性，成為網紅。

1.1.3　網紅和傳統明星的區別

　　近幾年，錐子臉、大眼睛、美圖美衣、自帶流量的正妹，以及其動輒百萬粉絲千萬流水的變現能力，開始讓人們逐漸意識到「網紅」背後驚人的商業潛力，絕不僅限於人美包美。網紅變成了一個容器，凡是沾點邊，都往裡面裝。其實萬變不離其宗，網路紅人的本質，就是塑造人格化的平台自製內容、UGC 內容（用戶生成內容）與 PGC 內容（專業合作夥伴生成內容），具有較強傳播力與影響力的調性網路形象。其背後的底層邏輯，是基於網路平台的內容生產、傳播與消費的全新運轉模式。在新的時代，無論是誰都有機會運用網路生態的便利，借助新的內容生產、傳播與消費生態讓自己一炮而紅，甚至經久不衰，變成一個品牌突出、自帶流量的人格化傳播節點。當今網紅概念的興起與蔓延，其實質是新生態下內容創業崛起的具體表現。對比傳統大眾明星，具有如下三點顯

著特徵：

首先，支撐網紅的核心，是以調性內容獲取傳播管道。平台自製內容、UGC 內容（用戶生成內容）與 PGC 內容（專業合作夥伴生成內容）是塑造網紅的必備條件。無論因何種特殊事件或行為被網友廣泛關注，其內容本身必須是基於網路環境客製與改造，而不能是簡單的傳統內容與身分地線上化，否則難以具有生命力，有多層次的內在要求。首先內容本身要符合網路生態下，消費、傳播、再生產的需求，而不僅僅是傳統管道內容的線上化；其次，內容傳播要符合內容介質、傳播平台與內容格式的新趨勢，因地制宜選取合適的平台、傳播對應介質與格式的內容；再次，明確的調性與主張是平台自製內容、UGC 內容（用戶生成內容）與 PGC 內容（專業合作夥伴生成內容）的必然要求，一個不被用戶熱愛或憎恨的內容，在網路環境下無法被廣泛傳播。舉個例子，假如網紅將線上節目錄影或者宣傳照片直接搬到 Facebook，則算不上平台自製內容、UGC 內容（用戶生成內容）與 PGC 內容（專業合作夥伴生成內容）。

其次，網紅的傳播節點地位，是憑藉內容自我生發，而非來自權威賦予。只要滿足如上先決條件，其人格化實體不必然是草根，名人也可以透過網路變紅，甚至也不必然是自然人。網紅本質上是一種調性網路形象，只要其人格化形象立足網路環境，以平台自製內容、UGC 內容（用戶生成內容）與 PGC 內容（專業合作夥伴生成內容）塑造，依照傳播規律傳播並被大量認可與消費，而不是來自於傳統的管道與權威賦權，不管是明星與名人，還是默默無聞的普通人，都可以抓住機會成

為網紅。只是在具體機制上，網紅與明星略有不同。傳統網路紅人靠著美貌、幽默、話題、才華等等生產內容，慢慢累積粉絲，而明星初期為人所知，或許依賴身分知名度，但在此基礎之上能被持續關注與廣泛傳播，卻是因筆耕不輟的平台自製內容、UGC 內容（用戶生成內容）與 PGC 內容（專業合作夥伴生成內容）生產。

再次，網紅是傳播力與影響力的結合體，自帶管道、自帶品牌兩者缺一不可。網紅當道的背後，是新內容生態下內容生產者對於舊有傳播與影響力形成與交易機制的全面奪權。無論是引流賣貨的 YT 網紅，還是廣受推崇的魅力人格體，其間並無高低貴賤之分，歸根結底背後是傳播力與影響力兩大指標決定其價值想像空間。傳播力即其形象有多大的用戶觸達能力，說到底是管道；影響力即其傳達的資訊是否為受眾所相信依從、能夠引起多大討論，說到底是人格化品牌，也可以叫做魅力人格體。人格化品牌，亦或被反覆提及的魅力人格體，是網紅這一類目區別於其他平台自製內容、UGC 內容（用戶生成內容）與 PGC 內容（專業合作夥伴生成內容）的重要屬性。在人群精確聚集與內容垂直高頻率的基礎上，其人格化形象天然，容易拉近與受眾的距離並被深深記住建立黏性。

說到底，人喜歡和人交流，一名會說話的網紅，勝過萬千數字與一堆邏輯。而基於人格化品牌形象，後續的流量遷移與擴展有著無限的想像空間，我們甚至可以說，內容電商本質上賣的是品牌信仰，優質商品不過是用來確認感覺與強化信仰的工具，而調性內容所塑造的虛擬人格形象與獨特價值觀，才是成就網紅的關鍵。當然僅有響亮品牌，不具備自有傳播管道也

並不能成功。

只要沒有在平台自製、UGC 與 PGC 環境中建立自有的內容傳播節點，再好的內容與形象也無法變成網紅，充其量只能是一個傳說。而自帶傳播管道以及管道豐富多樣、頻寬足，也是網紅異於傳統明星的一大特點。傳統明星與名人僅有形象與品牌，管道功能全部由電視台、院線、報社等等承載。而網路紅人可以跟隨著時代步伐，充分利用 Facebook、Instagram、YT 等等自建流量管道，明星往往只能依附於漸漸脫隊的傳統管道，且在僅有的狹窄內容頻寬中擠得頭破血流。而正是內容生產傳播與消費機制的變革，才催生了各路網紅萬紫千紅、百花齊放的新時代。

1.1.4　網路正在顛覆明星經濟

有一段時間，「網紅」並未受到廣泛認可，很多人對這個詞「嗤之以鼻」。那時大家印象中的網紅就是長著錐子臉、嫁給富二代的網路紅人。現在是時候為「網紅」正名了，新一代網紅的出現，正在重新定義網紅。

傳統明星靠電視媒體為代表的傳統媒體包裝，網紅則是生長於行動網路的物種。行動網路的造星能力正在體現，與電視媒體「中心化」的造星方式最大不同，網紅的製造是去中心化。因此從絕對數量來看，網紅群體將大幅超過明星群體。行動網路興起之後，明星經濟正在悄然變化。

明星越來越多：你朋友眼裡的明星，你可能根本沒聽說過。明星網紅化，現在已是網紅即明星、明星即網紅的新娛樂

時代。明星數量正在爆發式成長，粉絲被瓜分到一個個部落。這生動反映了長尾理論，注意力被稀釋了，「四大天王」這類家喻戶曉、老少通吃的明星不會再出現了。你有你的明星、我有我的明星，才是主流。

明星更親民：行動網路時代，如果明星選擇與粉絲保持距離，不好意思，粉絲很快就會遺忘你，拉近距離的例子，就像當初范冰冰熱情在網路上分享她的「大黑牛」。

隨著明星經濟的悄然變化，新一輪話語權正在更迭。傳統明星太「裝」，放不下身段，給了網紅乘虛而入的機會——當然，可稱之為借助於行動網路彎道超車，網路正在顛覆各行各業，明星亦不能置身事外。明星網紅越來越多無異於一場「供給側」改革，粉絲越來越稀缺，明星網紅必須努力爭奪粉絲。網紅和明星的概念越來越模糊，未來人氣巨大的網紅就是大明星；不是網紅就不是真明星。就像網路改變傳統產業一樣，如果明星不擁抱網紅經濟，就會被顛覆。

網紅爭奪廣告預算，更是直接搶了明星飯碗。可以觀察到，海外品牌廠商越來越青睞找「網紅」代言，他們成為品牌的新寵兒。網紅與品牌的合作很多樣：在 Instagram 上傳一張使用了品牌衣服、鞋子、包袋的照片，就有五千到兩萬五千美元的酬勞。

正是看到品牌商對「網紅」的興趣大增，幫助網紅更好商業化的機構出現了，如擁有諸多知名時尚版主的 Digital Brand Architects（DBA），主要就是為品牌提供公共關係和數位策略服務。

成長行動網路的新一代網紅明星，正在瓜分品牌商的行銷預算。對於傳統明星來說，這並不是什麼好消息。正在「網紅化」的傳統明星並不會受此影響，反而是好消息：范冰冰發一條使用某品牌太陽鏡的貼文，抵得上許多網紅一年的收入。商業本質沒變，只是換了地方而已。

1.1.5　形形色色的網路紅人

網路時代，誰都可以成為網紅。在這個看臉的世界，高顏值的美女網紅總是吸引人的眼球。伴隨著與各路明星、大咖的緋聞以及媒體的炒作，網紅的定義被狹隘化至擁有美麗外表、善於自我行銷的年輕女子。事實上，任何以人像為基礎，擁有一定數量的社交資產，且社交資產具備變現能力的帳號，都叫做網紅。值得注意的是，一個人的社交資產變現能力，不一定和粉絲數成正比，垂直領域的特定屬性某種程度上也決定著變現能力。然而網紅的範圍絕不僅限於此，Facebook 與 Instagram 上長期活躍著各類垂直領域的領袖或行業達人，包括遊戲、動漫、美食、寵物、時尚、教育、攝影、股票甚至同志圈等等。對於各個垂直領域的關注者來說，這些網紅極具影響力，儘管他們的影響力局限在一個特定的人群。

1・美女網紅

美女網紅的生成方式：名人影響力的延伸。許多時尚雜誌的御用模特逐步轉型做網拍模特，利用早期做平面模特的影響力以及在社交平台的活躍性，逐漸累積粉絲，成為網紅；基於線上社交行為生成，長期活躍於社交平台，頻繁更新狀態或者

發布消息並與粉絲互動，宣傳優質的生活方式或者提供某一垂直領域的獨特見解，成長為具有強自媒體屬性的網紅；網紅孵化器一手培養，網紅孵化器在社交平台上尋求有一定粉絲基礎或者零粉絲基礎但頗具網紅潛力的人，利用強大精準的行銷手段幫其推廣並吸粉，使之成為網紅。最後無論哪種方式生成的網紅，大多最終會傾向於背靠專門的網紅經紀公司。

　　除了美女網紅，其他還有：

　　2．社交名媛

　　3．遊戲名家

　　4．健身達人

　　5．職業旅者

　　6．同志「名媛」

　　7．動漫、二次元深度患者

　　8．攝影狂人

　　9．超級吃貨

　　10．寵物與主人

　　11．母嬰育兒專家

1.1.6　網紅發展的文化背景

1．網路策劃師現象

　　所謂網路策劃師，他們或是某網站論壇的版主，或是某個版塊的網編，或是某個遊蕩網路的普通網蟲，他們靠發文設定

話題，吸引網眾眼球，賺取點擊量。「網路策劃師」也被稱為「幕後推手」、「網路策劃者」，是懂得網路推廣策略並能熟練應用的人或組織。從廣義上看，只要是在線上涉及炒作推廣的人或機構，都是網路策劃師，他們不僅策劃推廣商品和個人，還善於製造網路事件，對網路話題炒作行銷。從職業定位來說，網路策劃師並不算是一個新興職業，因為他們具備策劃人和行銷人的一切特點，只是將運作平台轉移到線上而已。但它確實又是一個創新的職業，因為之前並沒有出現專門做網路策劃或網路行銷的網路策劃師。

2・媚俗文化

「媚俗」就是過分遷就迎合受眾群體，作態取悅大眾的行為，而且要討好大多數人的一種態度。基本特徵是商業性、絕對性、矯情性及崇拜現代性。典型體現為：隱藏商業目的、虛假的激情、做作粗俗的不良品味，迎合大眾作秀，不反映真實等等。

3・青少年次文化

特徵：

(1) 反抗「父母文化」。

(2) 「自我」成為張揚個性的盾牌，你可以什麼都沒有，但你不能沒有代表自己的個性。

(3) 容易形成網路暴民。

「網路惡搞」是一種典型的青少年次文化，惡搞的生產者和受眾多是青少年，他們是網路狂歡的主體，體現了「無厘

頭」文化，顛覆經典、解構傳統、張揚個性、反諷社會的自由精神，具有強烈的草根性、現實性和幽默感。

4．草根文化

　　所謂「草根文化」，是意識觀念的革命、科技進步、市場經濟發展、創新 2.0 的逐步發展引發的創新形態、社會形態變革及其帶來的社會大眾道德觀念、愛好趣味、價值審美等變化，出現的文化多樣化的發展趨勢，在民間產生的大眾文化現象。而今的草根文化又漸漸成為了以年輕人的審美趣味為主的通俗文化。

　　草根文化對大眾的影響：

　　從積極方面看：

(1)　「草根文化」從產生到發展，豐富了人們的文化生活，迎合了人們的精神需求，體現了文化「百花齊放，百家爭鳴」。

(2)　是對主流文化的輔助和補充。主流文化與草根文化是一種雅與俗的關係，也是一種補充關係，這樣才使得文化體現出真正的「雅俗共賞」。

(3)　有利於促進思想活躍，減少封建頑固思想和盲從意識，從而更好影響人們的積極性、主動性和創造性，在無形中，草根文化諷刺與批判現今的一些社會頑疾。

(4)　草根成功的途徑就成為青少年實現自我的途徑。

　　弊端：「草根文化」的民間性、大眾性、生活性，難免帶

有一定的糟粕和腐蝕性。具體來說，草根文化中的平民化思想是受人民群眾喜愛的，然而，如果平民化在錯誤的方向上發展就可能庸俗化，於是草根文化出現了低俗的一面，比如暴力文化、色情文化、邪教文化等「雜草」叢生，不利於民眾文化層次提升，而且會帶來一些負面影響，潛移默化植入人們的思想意識。

1.1.7 網紅發展的社會背景

當今社會來說，勞動制度得到徹底的改革，各企業有了絕對的自主權，可以根據《勞基法》招聘員工，這為企業帶來了一個很大的好處，首先消除了人浮於事的現象，真正物盡其用，人盡其才。使企業的辦事效率快速提高，多勞多得使員工幹勁充分發揮。正因為如此，各企業的應徵標準也越來越高了，招聘門檻也設得很高。這是有規模的大中型企業的情況，一般情況下，企業不會招更多的員工，高薪職位更是鳳毛麟角了。只有建築市場用工最活躍，但是，它不能長期工作，建築工程結束之後，也就各奔東西了，只有自謀職業，才是我們的選擇方案，沒有別的出路了，現在社會的就業難的狀況，可能在很長一段時間不能改變，這是體制的問題不好解決。而在如此就業壓力、競爭壓力之下，想要上位，就必須走別條路，而越來越多的人也嘗到了甜頭，並形成了熱潮。

1.1.8 網紅背後的內容生產傳播與消費機制解析

網紅萬紫千紅、百花齊放的背後，是網生環境下介質、平台、傳播方式等因素的發展變化，創造了建立新時代的大量機

會。而舊秩序中至今生命力最為頑強的，非電視莫屬。電視走進千家萬戶之後，尤其是在有線電視網路普及後，電視台事實上面對的是無法區分的大量潛在觀眾，除了作為管道方，對猜測的並不精確的大多數人，進行資訊轟炸，似乎並沒有更好的辦法精準傳播。而這一時期背後主導一切的收視率邏輯，決定了在內容選擇上，只要被大多數觀眾認為不比其他頻道更爛，就是最好的結果，因為收視率只有零和一，唯一的變現邏輯就是貼片，僅有少數頻道的標題欄目，能夠從自身品牌屬性中獲得差異化價值。與此同時，電視受眾觀看行為也就集中在一天中的那麼幾個時間段，直播模式下的電視管道的內容分發頻寬之窄令人嘆然，這種管道分發能力與內容容量的先天不足，也極大壓縮了內容本身的生長與分化空間。在這一泛受眾、窄頻寬的內容邏輯下，為了追求收視率的最大化，泛化的大眾內容大行其道就是必然結果了。每個人都覺得電視節目在討好你，但卻越來越不好看，而電視節目為了讓更多人收看，決定千方百計迎合更多觀眾，最終節目的平庸化愈演愈烈，蔓延到管道調性。那些最鮮明、最新潮、最年輕的垂直商品與服務不得不重新考量電視媒體的管道價值，傳統上附著於管道的流量思維也開始向附著於內容的調性思維轉變。無論對於節目內容還是造星，電視媒體的平庸化絕對是不遑多讓。這就苦了眾多的廣告業人士，不但要挖空心思傳達品牌形象，還要與管道本身的平庸調性對抗，因為看電視的用戶實際上已經睡著了，你必須透過廣告把他們叫醒。但網路的發展與滲透讓一切迎來了巨大的轉機。

首先容納內容的頻寬，隨著點播模式的加入，得到大大提

升，而近乎無限的頻道與儲存位置，也為內容生產的垂直細分提供了更加廣闊的容納空間，同時以往的管道壟斷在網路環境中隨著平台的充分競爭煙消雲散。

其次，網友活躍在虛擬空間中，為內容提供了巨大的出口，他們日益垂直化、圈層化，對內容需求也多種多樣且可以被精確歸類觸及。當然，脫離了權威與管道束縛的網路環境中更流行人來說話，並且說人話、平等對話，人格化的平台自製內容、UGC 內容（用戶生成內容）與 PGC 內容（專業合作夥伴生成內容）更容易為大家所接受。

再次，不斷更新的內容格式與新興平台，大大拉低了內容生產傳播與消費的門檻，改變了過去固有格式對於內容傳播的阻礙，無所不在、自適應、泛媒體的資訊與內容，高效而充分嵌入到人們的日常生活中；最後，網路大大密切了人們的社交關係鏈互動頻率，並建立起威力巨大的社交傳播網路，好內容本身具備了一炮而紅的結構能量，而好內容的唯一標準就是受眾喜歡。基於全新的內容生態邏輯，以某一垂直內容像美妝、搭配等等為切入口，持續生產具有價值觀像「知識是網路新入口」等等的人格化內容，不斷成長聚集內容核心受眾，借助適宜平台與內容格式如 LINE、Facebook、Instagram、YT 等等，實現內容的客製化與廣泛分發，透過粉絲的互動製造參與感並保持黏性，內容透過粉絲的社交傳播開始不斷吸引新用戶進入，隨著雪球越滾越大，一個網紅便初步養成了。

與傳統明星不同，網紅自帶管道流量且品牌高度垂直，廣泛分布在針對不同垂直群體的各個圈層之中，同時替代原有模

式中的管道方，重新掌握了流量分配的主導權。而在人格化品牌價值上，與過去明星借助於管道增加曝光獲取品牌價值不同，目前的網紅養成模式中已經實現品牌與管道合二為一，透過自主內容生產完全掌握，中間環節都被盡可能省略，受眾直接與內容建立連接。與此同時，基於網路的內容平台也取代了傳統媒體平台的地位，但身分從管道壟斷者變成流量來源的服務者，專注於購買或透過優惠扶持條件吸引優質內容。

　　過去，沒有管道就無法播出內容。但隨著舊有內容頻寬被大大拓展，平台與格式空前豐富，傳播空前便利。如今，沒有內容就無法形成管道，或者沒有內容則管道毫無意義。

1.2　解密網紅歷史

　　一九九七年，由美籍華人朱威廉創辦文學網站「榕樹下」，並且與實體出版社合作推廣，這個時期的網紅大都有自己才情和文筆，盈利方式也主要靠寫書、文字。

　　二〇〇〇年後，隨著頻寬的加大，網路迎來圖片時代；二〇〇四年，這個時期的網紅炒作方式更加激烈。

　　隨著時代更替，Facebook 這個里程碑級的平台誕生，瞬間成為了網紅的最佳誕生地，並且網紅炒作模式更加專業，有人需要，網路經紀公司簽合約，配合炒作，網軍引導輿論。

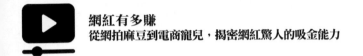

1.3 網紅的特徵

在二〇一五年當中，網路紅人這個熟悉的群體再一次博人們的眼球，以郭富城、羅志祥為首的偶像派等人找了網紅當女朋友，於是開始「八卦」，被披露後發現，網紅不但人美、眾人眼紅，而且還經營網拍，年賺過億！多少老闆一年到頭賺不到的錢，居然被一個網紅超越！人們再一次不懂這個世界了！

下面介紹網紅成名原因分析。

1‧藝術才智成名

這一類的網路紅人主要是依靠自己的藝術才華獲得廣大網友的青睞。他們大都地處草根，不是科班出身，沒有接受所謂「正規」訓練，往往是依託其非同一般的天賦和在興趣支配下的自我學習，從而在某個藝術領域形成了獨特的風格或者技巧。他們透過把自己的作品傳到個人網站或者某些較有影響力的專業網站上累積人氣，從而擁有固定的粉絲群。

2‧惡搞作秀成名

這一類型的網路紅人透過在網路上發布影片或者圖片的「自我展示（包括自我暴露）」而引起廣大網友關注，進而走紅。他們的「自我展示」往往具有譁眾取寵的特點，他們的言論和行為通常借「出位」引起大眾關注。他們的行為帶有很強的目的性，包含一定的商業目的，與明星的炒作本質上並沒有區別，都是為了引起大家的注意。

3・意外成名

這一類型的網路紅人與第二類相對，他們並沒有要刻意炒作自己，而是不經意間的某一行為，被網友透過照片或者影片傳上網路，因為他們的身分與其表現同社會的一般印象具有較大的反差，從而迅速引起廣大網友的注意，成為「網路紅人」。他們因為與其身分不符的「前衛」而具有一兩個特點，從而被某些眼光獨到的網友發現並傳諸網路，大眾在好奇心理的驅動下關注，覺得新鮮有趣，作為消遣。但是他們自身往往並不知道自己在某一時刻已經成為網路焦點。

4・網路策劃師成名

這一類型的網路紅人是透過精心策劃，背後往往有一個團隊，經過精心的策劃，一般選擇在某個大眾關注度很高的場合，透過某些舉動刻意彰顯他們自身，給大眾留下較深的印象，然後會組織大量的人力物力推動，在各個人氣論壇發文討論，造成一個很熱門的假象，從而引起更多網友關注。因為這一類人事先有精心的策劃，時機把握得當，在推出後繼之以大量的炒作，所以他們成名的機率通常比較大，而第二種類型的人則有可能會被網路上鋪天蓋地的資訊淹沒，或者由於網友的見怪不怪而石沉大海，成功率較低。

1.4　網紅為什麼這麼紅

1.4.1　為什麼網紅崛起是必然性結果

社交管道轉化論壇、部落格等。

- 論壇，已經慢慢消失在歷史的舞台了，已經很難讓人再去注意論壇。不過倒是有些地方性、特殊論壇活得不錯，不過這個能帶來的轉化也是有限的，畢竟流量有限。而且每個論壇的管理也很嚴格，稍有不慎，貼文就消失在二次元世界了。

- 部落格，部落格時代最具代表性的 Yahoo 部落格，幾乎沒有人在用了，無名小站甚至直接宣布停止營運。其他部落格平台更不說了，該關閉也關閉，該轉型的也轉型了。

- 電商導購平台，導購平台曾經紅極一時，初期依託大平台，賺了很多錢。後來因為種種原因，轉型自己做電商平台。

- 廣告聯盟，廣告聯盟雖然可以帶來大量流量，但很多時候帶來的流量都不精準，轉化率低，無形中，這種形式的獲客成本也高了。

上面所列舉的外部流量來源，成本大，效率低。雖然也做了一些舉措，但是杯水車薪，沒辦法大面積引流，對所有的外部流量平台進行綜合考量，Youtube 就是最佳的選擇。

為什麼 Youtube 是最佳的選擇呢？

（1）龐大的流量

Youtube 在全球 Alexa 綜合排名是第二名。

（2）對電商領域開放

Youtube 也在做電商化轉型。

（3）互動性

Youtube 的互動性很不錯，而由於社群的發展，LINE 也開始出現大面積的「無效社交」。想想看：你的 LINE 裡是不是有一部分「好友」，一句話也沒說過？

（4）傳播性

Youtube 本身就具有娛樂屬性，容易引發話題，也在一定程度上加快了一條資訊的傳播速度和傳播範圍；而 LINE 的流量更多的是內部消化。

（5）粉絲聚攏

如果你在 Youtube 上曝光某個話題（炒作），很容易聚攏一批關注你的人，聚攏一批人之後，留下來的人，都將會成為你的粉絲。「名人效應」也非常容易聚攏一批忠實粉絲，所以也導致很多網紅會想方設法炒作自己，先讓自己成為名人，以達到聚攏粉絲的目的。

（6）內容多樣化

現在「網紅」都會拍攝影片上傳到 Youtube 與粉絲互動，最真實向粉絲展示自己，提高粉絲忠誠度，對回購率有很大的幫助。拉住回頭客，一直是很多賣家頭痛的事情，包括現在傳統店家。

「名人效應」是聚攏粉絲最快的手段，所以有很多品牌主簽約「網紅」，打造電商社群。並且，電商是未來「內容創業」最好的變現方式，所以就有很多演員、模特、設計師、攝影師、達人（美妝、搭配）轉型做電商，所以造就了現在一種現象——網紅商場異軍突起。

所以，網紅的崛起是一種必然性結果。

1.4.2　網紅為什麼如此熱門

網紅可能是當下比較吸睛、最具看點、具有平權意義和想像空間的社交電商分支。坐擁大量的粉絲，不需要花錢投放廣告，不需要看平台臉色，只需要在 Facebook 或 Instagram 上不斷 Po 文，不斷分享場景細節，或者直接推薦產品，就能引粉絲們用訂單表達追捧和熱愛，為什麼網紅會這麼紅呢？

1・從消費性價比到消費認同

網紅的主要變現管道是電商，透過展示消費者所認同的生活方式，生活場景，引起粉絲的認同獲得訂單。網紅經濟本質上就是一種社交導購、內容導購，透過內容的展示，獲得喜歡這些內容和喜歡這個人的受眾的購買。

2・處在大眾消費到個性消費時代的轉捩點

消費者不再喜歡趨同的產品，更傾向購買能夠體現自己的心情、表達自己的情緒、滿足自己的內心追求，特別是滿足夢想探求的產品，而不再只是滿足基本需求的大眾化產品。用戶遷移背後，是產品需求被普遍滿足（大眾消費）後的更高層次

消費追求（個性消費）的進化。產品已經足夠，隨處可以購買到，在基本的使用需求得到滿足後，消費者的需求進化成追求，進化成探求。

3・網紅本身的天賦以及努力

高顏值的網紅，據熟悉的攝影師介紹，經常需要穿不同的衣服擺拍，一站就是半天，烈日下一曬就是兩三個小時，有時得面對鏡頭微笑幾百次，拍攝完下來，臉蛋笑僵了，一身疲痛。還有那些直播間的網紅，雖然輕鬆月入十萬，但幾乎每天都端坐在電腦前唱歌跳舞，也是極其枯燥的體力活。

4・社交網路平台迭代提供了生存土壤

在過去論壇時代、部落格時代，網紅基本上沒有太大的爆發和商業變現可能，Facebook 崛起，尤其是 Instagram 興起後，開始有網紅的雛形。透過內容，透過互動，透過圖片展示，獲得了喜歡自己的粉絲，透過內容營運鞏固影響力，透過互動產生流量，持續擴大影響力，最終得以變現。

5・娛樂上的多元化與影片直播技術發展

娛樂的多元化，審美的多元化，讓很多人願意在電腦前看這些網紅的非專業表演，還慷慨解囊贈送各種禮物。影片直播技術的發展，以及這種影片直播技術被廣泛應用在各個領域，是直播間或者影片網紅能夠立足的基礎。包括網紅常使用的修圖、短影片應用，也是技術迭代升級的結果，讓用戶可以隨時隨地展示。

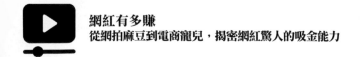

6・人們審美趨勢的變化

「高鼻梁，大眼睛、錐子臉，人物照四十五度仰拍，圖片液化，樣貌不細看就分不清。」不知從什麼時候開始，這成了網紅的標準備配；但曾有一份報紙做了一次審美疲勞的投票，結果三千多位網友表示，人們最無法忍受好友中千篇一律的小清新網紅整容臉，而以內涵著稱網紅的崛起，更是證明了只看臉的時代似乎快要過去。毋庸置疑，受眾已經進入審美疲勞階段。審美疲勞準確來說，是心理學上的感覺適應症，適應，意味著精神和知覺活動逐漸不能再反映刺激物的真實性。事實上，各種感覺都會產生適應現象，網路時代的我們常常置身於網路資訊的狂轟濫炸中，對各種視覺、聽覺的刺激已經產生了超負荷感受，從而無法體會到審美的快感，反而對審美產生厭惡和排斥的心理。隨著這種心理的產生，人們開始尋求新的刺激，這樣就對網紅產生了新的要求和標準，不能只做一個顏值網紅，還要在美貌的基礎上擁有才華。

7・顏值＋才華，網紅新標準配備

何謂有才華，這一標準的界定似乎顯得不那麼明確，可以是某一領域的達人，可以專門吐槽社會焦點，也可以把握當下人們的心理需求。有嬉笑怒罵的網紅、教人化妝的網紅，靠著搞笑、誇張的面部表情和肢體語言吸引人們關注的網紅；但細細斟酌不難發現，他們每條影片無不把握流行，與年輕人產生共鳴。

8・縮短的造星模式，持續的生產力

　　網路時代，似乎所有的生產流水線都被簡易化了。在傳統的造星模式中，明星依靠經紀公司的包裝和打造可以批量生產，從簽約經紀公司到完成一部作品，再到家喻戶曉，往往需要一個漫長的過程，誠然不排除一夜成名的情況，但只是個案。但在網路時代，網紅借助自媒體的力量，直接自己製作創意產品，跳過了傳統的造星模式，也減少了漫長的付出所帶來的時間成本。自媒體盈利主要依靠 Facebook 和 Youtube，改變了傳統的吸金機制。這種內容生產模式的變革，看似只是台上一場眾聲喧嘩，但事實上卻聯繫著許多產業生產鏈的變化。

　　原因還有很多，比如網路付款的普及，像 LINE PAY，行動付款的普及也是網紅能夠變現的商業基礎。網友願意為自己的審美，為自己內心的追捧付費，願意為心儀的偶像買單，也願意為那些能夠表達自己的內心，向自己的情緒代言人贊助。

1.4.3　網紅勝在持之以恆推廣個人特色

　　在這個追求個性、求新求變的時代，不能用日新月異的新技術生產一堆繁文縟節的舊文章，而是要時刻敏銳學習、主動溝通、適時變化，與網路用戶保持著同樣的節奏和活力。

　　在投資創業越來越審慎的大勢下，粉絲對網紅大規模的「輸血」司空見慣。從 Youtube，到 Facebook、Instagram，到當紅的直播，網路的「造紅運動」一直與時俱進、各領風騷。「造紅」也成為網路的一項產業，被人詬病多年，也被人吹捧多年。

　　網紅是一個魚龍混雜的群體，回頭看看這些年的網紅，有

的是有真才實學，憑知識和觀點吸引粉絲；有的是譁眾取寵，靠乖張和暴戾吸引眼球；有的是有商業頭腦，經營各種網拍賺得口袋滿滿；也有的是靠 P 圖一步步嫁入豪門，成了所謂的「人生贏家」。在網路上，這些良莠不齊的「網紅」成了很多網友的共同記憶，但那些能真正脫穎而出、被人們發現、記住並口耳相傳的網紅，並不是因為他們拚命博眼球，而是因為與眾不同的特質。他們的走紅帶著鮮明的網路代際特色，帶著網路技術升級的印記，帶著網路對傳播和商業環境改變的時代烙印。

與眾不同是網路時代最大的本錢。這些網紅之所以能紅，是因為他們有網路時代一部分的性格特徵，比如宅、自嘲、孤獨、小清新、愛分享。他們能敏銳抓住一點，在此基礎上打造出鮮明的個人特色，並持之以恆傳播，最終讓自己的特點成為大時代的印記之一。網路是浩瀚的資訊海洋，但這片海洋中有相當大一部分內容重複、無用、垃圾。看看今天的網路產品，大量同質化的內容不但造成了資源浪費，也造成了用戶的審美疲勞，而最終會導致同一類型產品的整體性滑坡。

對各路網路創業人士來說，「網紅經濟」也能提供一些啟示和思考。要打造能紅起來的網路產品，首先要感受網路的時代精神。不管人們如何評價，網紅已經成為一種日常的存在。人們在不經意間，就會說著網紅造的流行語、購買網紅推薦的產品、轉發網紅的文章。網路的神奇之處就在這裡，把意想不到變成日常。用戶不希望網路時代的產品長著一張網紅臉，但卻渴望一些紅得有價值、有品味、有格調的產品，畢竟打造一個有影響力、有品牌價值的網路產品，比打造一個容易讓人轉瞬即忘的「網紅」要難得多。

1.4.4　網紅興起的背後心理因素

1‧草根網紅助推器：認可和情景帶入感

　　因為網路發展和網友規模不斷擴大，普通人士可以透過網路發聲，引起社會的關注。於是，普通人抓住網路管道表達自己的慾望十分強烈。而互動性極強、開放性較大的「社交媒體」Youtube，讓普通人在網路中表達觀點的慾望被進一步刺激，可以說，網路真的成了人們的表達管道和展示平台。

　　比如，某個學校的校花可以成為網紅；比如，某個人特別醜，也可以成為網紅；比如，某個資優生也可以成為網紅；比如，某個人的經歷特別慘，靠自己的努力取得某方面的成就，也可能成為網紅。這些「草根」的共同點是：他們出自身邊，就在現實生活中，他們就是讓我們感覺能觸摸到的普通人。並且，他們身上有一個非常明確的點，而憑藉這一個點就可以迅速走紅。而對於大多數網友來說，他們對於身邊的某些「草根網紅」更多具有一種「認可」心理。他們認為，「這些人不是大明星」、「他們就在我身邊」。這種「就在我身邊」的階層認同感會拉近「草根」和更多普通人的距離，形成一種天然的「親近感」。並且這種心理會促進更多「草根」或「普通大眾」對「草根網紅」的維護，促進普通大眾在網路上對「草根網紅」的傳播，這個過程有極強的「代入感」。

　　所謂「代入感」意思是，普通大眾在傳播網紅的活動中，產生了一種自己代替了「網紅」或自己和「網紅」距離很近，從而有一種身在其中的感覺，這種感覺一般是在小說或遊戲中讀者或觀眾才會有。

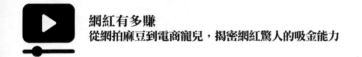

2．新生代網紅的助推器：自我身分認同＋資訊分享欲＋自傳播精神

有人說，今天的新生代網紅已不再是真正意義上的「草根」，想要當網紅甚至要有一定的「經濟基礎」和背景。

這句話有一定道理，如今的網紅脫胎於年輕人，他們顯得更加專業化。他們在年輕人活躍的群體中獲得追捧，他們屬於他們，懂得他們的網路語言，知道年輕人喜歡什麼，表達年輕人所想；越特立獨行，越與眾不同、標新立異，越能凸顯個性越好。可以說，今天的網紅可以體現現在年輕人的氣質、特點和風格。許多中年人不認識的網紅、不熟悉的標語和語言符號，卻能夠在年輕人當中引起共鳴。以前我們做過不少關於「八〇後」的調查研究，並且一直在持續，我們發現這些年輕人的確追求個性、與眾不同，自我認同非常高，他們伴隨網路成長，接觸的資訊和知識更廣更多，有獨特想法。如果說今天的年輕人都有一個網紅心，可能也不為過。以往我們對「草根網紅」的認同感，是對他人的認可；而今天年輕人對新生代網紅的認同，則是「對自我身分的確定和認同」。

此外，如今典型垂直社交平台的產品規則設計，都大大彰顯了年輕人的「參與感」和「自我價值」。比如 Instagram 的限時動態濾鏡，「文字＋聲音＋圖片」的內容模式。讓年輕人感到「我也可以」的產品和功能設計，非常成功。隨著垂直社交平台的不斷興起和成熟化發展，它們更具備製造網紅的能力，也能夠建立網紅生產的規則和道路。

第 2 章

網紅經濟的巨大潛力

2.1　網紅經濟

2.1.1　網紅經濟的定義與本質

　　網紅經濟是以美貌帥氣的時尚達人為形象代表、以紅人的品味和眼光為主導，進行挑款和視覺推廣，在社交媒體上聚集人氣，依託龐大的粉絲群體精準行銷，將粉絲轉化為購買力。

　　網紅經濟的本質是吸引力經濟，網紅產業的本質是內容產業，是創造圍繞著網紅但又能帶給使消費者心情愉悅的各種內容。網紅經濟既不是 IT 產業，也不是高科技產業，而是內容產業。從前，大眾對某個知名品牌的認知和了解是透過電視和多種媒體上的廣告，而在如今這個影片年代，吸引用戶靠的是內容，它的背景是在行動網路的年代，個人品牌成為了吸引用戶眼球和吸引注意力流量的來源。如今大多數人更願意相信個人品牌，個人推薦，所以個體品牌在扮演連接消費者和消費品的作用。吸引流量已經不是一個平台，也不是 App，是內容產業。因此，未來賺錢的不再是科技產業，而是內容產業。

　　為什麼有很多正妹不當藝人，而選擇當網紅呢？過去的明星，都會刻意保持距離感和神祕感，對於大多數人來說，明星是遙不可及的。他們的成長經歷被刻意渲染包裝，他們的生活點滴需狗仔隊冒著風險偷拍，他們的最新動態必須要靠報刊、電視這些有限管道發布；他們的真容必須到萬人共享的演唱會遠觀。而網紅比明星更親民，更常以真實的自己面向觀眾。網紅跟粉絲互動的意願和強度遠遠超過明星，這是因為每個互動都能賺到錢，明星不能直接向粉絲賣東西，因為格調不高，

網紅更像引領生活方式的引導者一樣，直接跟粉絲互動，直接向粉絲銷售商品，所以跟粉絲互動的意願非常的強烈。網紅在銷售額中分到 10% 到 20%，利潤可以分到 30% 到 40%，這意味著電商公司（服裝公司）再也不用買流量了，簽了幾十個網紅，就自帶流量與粉絲。所以不用買流量，電商公司只做服務就可以了。做好倉儲、物流、配送、打版、營運等等這些事情，網紅只需要在網路上擺拍，跟粉絲互動。

2.1.2　網紅經濟的核心

1．強大的數據分析能力

為了尋找合適的網紅為產品代言，網紅經紀公司需要有極強的大數據分析能力。一方面，網紅經紀公司需要能夠根據粉絲數據，快速定位潛在簽約網紅其粉絲的類型、品質、活躍時間、轉化率等等，以確定該網紅是否具有經濟價值；另一方面也需要根據粉絲的回覆率、按讚率以及回覆內容的關鍵字提取，預測網紅發布的商品是否能夠熱銷，以銷定產，避免出現產能過剩或者供不應求的情況。

目前的網紅經紀公司，大部分都簽約已有一定社交資產的網路紅人，雖然這些公司也具有一定的數據分析和搜索能力，但隨著旗下網紅規模不斷擴大，其在大數據方面的技術以及資金實力將逐漸成為進一步發展的桎梏。與此同時，網紅的許多核心數據均掌握在社交平台手中，社交平台對這一數據的開放以及應用程度，也將成為各網紅經紀公司尋找網紅及網紅熱銷產品成功與否的關鍵。

2‧網紅社交帳號的營運維護能力

網紅社交帳號的營運對粉絲黏性的維護至關重要。在與網紅簽約之後，網紅孵化公司就會全面接管網紅的個人社交帳號。網紅在社交網路上發布的大部分內容，都將由網紅孵化公司決定。各家公司都有專門的營運團隊，網紅經紀公司需要時刻保證網紅與粉絲互動內容品質以及頻率，維持粉絲黏性。與數據分析能力一樣，隨著網紅規模的逐漸擴大，網紅經紀公司在網紅帳號營運維護上的能力也同樣受到資金、技術以及人員的制約。

3‧極強的新品設計能力以及供應鏈支持

根據前文所述，網紅銷售僅僅是品牌商新的銷售管道，因此最終網紅經濟的比拚還是會落到產品的性價比本身。這就回到了傳統服裝企業擅長的供應鏈整合和打造上：

（1）隨著網紅規模的成長，網紅經紀公司自行設計能力就會力不從心。

網紅的本質是意見領袖跟隨潮流的導購模式，網紅本身雖然有極強的時尚敏感度，但是需要源源不斷的新款產品為其支持。雖然網紅經紀公司均擁有完整的設計團隊，但隨著網紅規模的成長，時尚潮流的加快變化以及人力資源成本不斷上升，網紅經紀公司的設計團隊能力的局限將逐步暴露。網紅想要持續為粉絲提供時尚的新款服飾，背後就必須有一個強大的設計生產體系，源源不斷提供可供選擇的新品。

（2）由於網紅商場採用連線購買＋預購的模式，其對供應

鏈的快速反應以及補單能力有極高的要求。

　　首先，網紅商場採取的盈利模式，需要自身具備緊追時尚焦點和小批量快速反應鏈的能力，能否降低從設計到生產的時間間隔，是網紅商場生存和發展的關鍵。一種款式的暢銷，不僅需要設計師準確把握消費者心理，抓住時尚焦點，還需要「快人一步」實現從設計、生產、推出新款的過程。

　　其次，網紅商場往往採取饑餓行銷的手段，對補單能力要求極高。在銷售和備貨方式上，網紅商場採取少量現貨、限時限量、預購方式，根據預購情況決定量。因此，網紅的銷售模式對補單的要求較高，補單規模通常在初期備貨的兩倍以上，而換季窗口和用戶容忍時間上限最多二十天，這使得供應鏈壓力巨大。同時，客服、出貨、售後等系統也得適應這種潮汐式的營運節奏，上新款時非常忙，服務品質下降；上新款後資源冗餘，造成浪費。

　　雖然優秀商家演變而成的各家網紅孵化公司，都能夠透過自身原有的在供應鏈端對接產品製造商的優勢，且在與小製造商談判時擁有比較強的議價能力，但是隨著網紅規模逐漸擴大，對供應鏈需求的擴大，會使得網紅經紀公司越來越難滿足上述對供應鏈反應速度的要求。

2.1.3　網紅經濟爆發的原因

1・紅人店的自身競爭力的提升

　　很多網紅是大學畢業不久、甚至還沒畢業的年輕人，面臨資金、供應鏈不足等阻礙。經過幾年的發展，數以千計的網紅

紛紛開始在孵化機構的幫助或者自己的努力下，自己涉足供應鏈，開始自己生產款式，與市場貨有了區別。彌補了服務、推廣等短處，使整體競爭力大幅上升。由早期的一個人開店、客服、快遞到團隊合作，圖片優質有視覺美感，款式比批發市場流行漂亮（快翻抄 + 修改），還提供附加值消費，秒殺一切競爭對手。

2・網紅店的客戶累積效應

網紅大增，其實是在客戶水面之下累積了很久後的厚積薄發。

傳統品牌線上客戶累積較弱，而網紅的累積效應特別明顯。網紅在成長過程中，其維護老客戶和累積粉絲的水準，遠遠甩開那些大眾品牌。當新客戶的獲取成本越來越高時，傳統品牌的消費力就不行了，只有能夠充分吸收老客戶的模式才能夠活下來，網紅就是這樣的模式。

3・「八〇後」甚至「九〇後」作為主流消費人群觀念的變化

有網站做過「八〇後」人群的行為調查，發現「八〇後」特別追求個性消費，只買自己喜歡的東西，對傳統品牌和廣告無感。許多「八〇後」的女性從不買大眾品牌，她們覺得太俗，而改去網紅店買衣服。同時「八〇後」喜歡待在家裡，網紅並不是僅僅意味著買衣服，他們所有娛樂、消費、社交全部在手機上，而網紅滿足所有需求。消費就是提供實物商品和虛擬服務，他們都能消費。娛樂網紅能夠輸出很多有娛樂性的內容，社交網紅能夠即時跟「八〇後」消費者的互動，他們都能

夠滿足。「八〇後」人群特徵，決定了「八〇後」是網紅消費快速抬升的人群，而「八五後」正成為網購的大比例人群。新客戶、老客戶都要有流量，流量也一直在漲，所以出現爆發式成長理所應當。

2.1.4　網紅經濟：海外早有先行者

曾有新聞記者說，目前的網紅早已不是一個人在「戰鬥」，在其背後都有一些團隊在策劃、包裝。而利用網紅推動的企業同樣在網紅爆發式發展的路上成長。

美國網紅主要依託 YouTube 發展；二〇〇四年 Facebook 等社交平台崛起，二〇〇七年 YouTube 推出影片廣告分成計劃：45% 的收入歸 YouTube 平台所有，55% 的收入歸影片內容創作者，此舉大大激發了網路內容製造者的熱情，網紅開始大量出現。

同時，類似於網紅經紀公司的 MCN（多頻道網路）也開始崛起，為網紅提供周邊服務，包括持續創造內容、廣告接單、匹配品牌與網紅等。有新聞記者注意到，MakerStudios 公司是 YouTube 上最大的內容製作商之一，二〇一四年以十億美元的估值被迪士尼公司併購。相關專家認為，美國網紅經濟更多依靠廣告變現，未來將更加注重發展電商，以及與網紅分享品牌股權。此外，美國十四～十七歲網友社交軟體使用率，最高的前三名分別是 YouTube、Facebook 和 Instagram。

歐洲流行網紅開設自己的部落格，然後利用自己的人氣增加部落格的影響力，這種形式類似於自媒體。而歐洲網紅的經

營模式是一旦版主人氣累積到一定程度，他們就會得到一些商家贊助，商品贊助甚至會請他們參加公關活動。值得注意的是，隨著網紅知名度增加，已經開始影響到傳統的推廣模式。品牌商透過網紅影響到他們的粉絲，以達到宣傳品牌的目的。據報導，印度瑜伽大師蘭德福（Ramkishan Alipur Yadav）二〇〇六年建立了 Patanjali 公司，蘭德福說成立這家公司是為了弘揚印度韋達養生學（Ayurveda），將新技術與古印度智慧結合。以大師本身的大批信徒為基礎，並輔以弘揚印度韋達養生學的公司理念，Patanjali 公司迅速發展壯大。據匯豐銀行數據預測，Patanjali 公司營業收入超過兩百億台幣，同比成長 150%。

伴隨網紅興起，逐漸衍生出了網紅經濟，一大批新興企業受惠於此。新聞記者注意到，由於一些原因，一部分與網紅關係密切的公司都在香港或者紐約上市。首先受益的就是作為平台的公司；此外，也有許多可以說是網紅的名人，在影片網路平台上播出自己的媒體節目。曾有證券分析師表示：「我們認為網紅類似於電競、體育、音樂，他們都有著粉絲基礎。而粉絲經濟是基於影響力變現，變現模式透過電商、廣告代理等進行，核心都在累積人氣，這和網紅、意見領袖的崛起密不可分。」此外，影片社交網路平台則是大量網紅的孵化器。業內人士認為，在「得宅男者得天下」的這一行業，粉絲經濟模式已經日漸成熟。例如，中國數碼文化（08175，HK）先是與周杰倫在電子競技領域合作，隨後又與深圳市娛加娛樂傳媒有限公司（以下簡稱娛加娛樂）合作成立新公司，開展網路直播代理業務。中國數碼文化將負責提供網路直播藝人，娛加娛樂將

負責向該等藝人提供代理服務，包括但不限於提供培訓、行銷及宣傳服務。

2.1.5 為什麼網紅經濟會紅

網紅經濟的興起其實早有預兆，網紅經濟是經濟發展到一定階段、消費者觀念變化背景下的必然結果。

（1）網紅經濟的工業化為批量生產帶來可能。很多網紅背後是規模化營運的公司；比如服裝這個品類，供應鏈管理、客服、營運，缺一不可。有的網紅公司養了幾十個網紅，後台有幾百個人在為網紅經濟默默貢獻。對於網紅來講，只要負責搔首弄姿獲得流量，就可以跟公司分紅。而工業化營運的公司實際上，在挑選、培養網紅方面已成體系，包括用大數據預測和營運哪個網紅會紅，從而決定其是否值得包裝。

（2）流量成本日益昂貴促使資本轉移。事實上，已經有很多商家被昂貴的流量成本壓制得不堪重負，所以網紅的網拍自帶流量，這樣就大大降低了營運成本。

（3）網紅和營運公司是一個互惠互利、分享利潤的利益捆綁體。網紅能夠分享到真金白銀的利潤，所以很多網紅都非常拼。有的網紅對粉絲非常重視，粉絲每一條評論都會回覆。

（4）年輕消費者越來越追捧網紅，越來越願意衝動和感性消費，因為這可以讓他們得到在所謂官方旗艦店不一樣的購物體驗和感受。

Instagram 是網紅聚集地，利用長相圈粉變現的顏值派、以內容取勝的實力派和透過與眾不同博取眼球的個性派，是當

下網紅的三類典型。社交媒體是網紅誕生的主要場所，也是網紅與粉絲互動的主陣地，常見的網紅活躍平台可分為綜合類社交平台、影片網站、社區論壇、社區電商四類。Instagram由於其龐大的用戶規模、平台的媒體屬性，成為網紅的主要聚集地。

消費趨勢變化、傳統電商發展面臨瓶頸及自媒體的快速發展，共同推動網紅經濟爆發：嚴格意義上講，網紅並非新生事物，但「網紅經濟」這一概念近幾年才被提出。實現從網紅至「網紅經濟」的跨越，需要具備高品質的社交資產和恰當的商業模式。伴隨著消費趨勢變化，電商面臨產品同質化、流量獲取成本高、轉化率低等諸多問題，以及消費者獲取資訊方式的轉變，網紅經濟近兩年來快速發展。

網紅經濟市場規模破億，電商／廣告／贊助／付費服務／活動是目前網紅主要的變現方式：網紅社交資產的形成需經歷粉絲吸附、擴張與沉澱三個階段，「生產內容—行銷推廣—粉絲維護」過程中將產生可變現的社交資產。目前兩大活躍平台YouTube和Instagram，發布的內容以影片與圖片形式為主，目前主流的變現方式為廣告、電商合作、品牌代言和自創品牌，與電商的合作模式多為分享股權。

紅人電商——時尚搭配類網紅變現的主要途徑：此處紅人電商特指自建品牌、主營女裝的網紅商場，由於能夠更精準把握顧客需求、流量成本低、轉換率高，紅人電商普遍銷量高、發展速度快、營利能力強，而上新款速度、粉絲行銷能力及供應鏈管控能力，是影響其營利能力的重要因素。然而，紅人電

商背後也存在一些隱憂，如品牌脆弱、過度依賴網紅個人，缺乏專業的管理團隊，供應鏈管控能力相對不足，缺少護城河，模式容易被複製等。

網紅經濟衍生品——網紅孵化器與網聚紅人平台：網紅孵化器定位於網紅的經紀人與服務商，既為現有網紅提供營運服務與供應鏈支持，也打造新晉網紅，提供從粉絲行銷、網店管理到對接供應鏈的一站式服務。

短期產業加速擴張，長期將形成較為穩定的金字塔結構：伴隨著網紅營利能力與商業價值的顯現，以及大平台的支持，短期內或有大批參與者湧入，產業加速擴張。長期而言，實力與條件不同的網紅群體將出現內部分層，各自配合不同的變現模式形成較為穩定的金字塔結構。一線網紅品牌化、打破生命週期，二三線網紅集團化、抵禦外界風險。

2.1.6　不容忽視的網紅經濟

如今網紅正從一個社會現象，演變為一種經濟行為。網紅的快速發展已經不僅僅是過去的單純分享與受人追捧，不管是服裝、化妝品，還是餐飲業，網紅都透過上述手段將社交資產變現，而網紅經濟則不斷的深入影響到大眾的生活各個環節。

1・品牌透過網紅模式呈現

據記者了解，不僅是餐飲和服裝行業，網紅經濟空間巨大。人們的生活包羅萬象，網路時代有一技之長且在某些領域有影響力的人都有可能成為網紅。除了美女，遊戲高手、攝影達人、職業背包客都有特定的粉絲群體，均有潛力影響粉絲消

費行為並變現。

　　某研究報告認為，網紅經濟包括餐飲、服裝、電子競技、視覺素材、旅遊、母嬰用品等產業，影響巨大。就目前來看，網紅對服裝產業的穿透力最強。

2・網紅開啟共享經濟模式

　　有研究報告認為，網紅經濟的出現，表明年輕人都有網紅夢，另外還將帶動網紅孵化器、網紅經紀公司興起。而據記者查詢，市場上已經有無數的網紅經紀公司，打造供應鏈＋代營運＋經紀人的商業模式，試圖彌補網紅對於產品供應鏈以及行銷的不足。

　　知名網紅的身分，必須要很多年持續性的人脈累積，正如一些學者所言：「網紅」正在從一個社會現象，演變為一種經濟行為，網紅經濟也已經得到合理轉化。Youtube、Facebook、Instagram 等平台提供了網紅展現自己及轉化的平台，形成了共享經濟模式，而食衣住行是網友的生活必需品，服裝和餐飲業是網紅最容易創業的地方。

2.1.7　網紅經濟帶來的新商業變局

　　「網紅經濟」的概念已然漸成焦點。曾有專家表示：「網紅經濟」展現了網路在供需兩端形成的裂變效應，網紅一族在製造商、設計者、銷售者、消費者和服務者之間製造了全新的連接。他們依靠社交網路快速引進時尚風潮，在網拍上預購、客製，最終形成了一種嶄新的商業模式。

實質上，網紅經濟依然是一種眼球經濟、粉絲經濟，是注意力資源與實體經濟相結合的產物。在網路時代，它的出現契合了用戶消費心理上的個性化的需求，運作簡單、高效、快速，前端感知精準消費人群的需求，後端快速反應，以數據驅動，倒逼供應鏈改造。

1·「網紅」升級為經濟現象，形成產業鏈精準行銷

　　由於網紅平民化、廉價以及精準行銷的特點，其商業價值正在被逐漸開發。網紅經濟由於網紅在特定領域的專業性，網紅能夠更精準將產品導向粉絲需求，提高了消費轉化率。同時，網紅又兼具廣告或流量費相對較為便宜以及更為平民化的特點。從獲取用戶的成本上，網紅和新媒體比較類似，都較為低廉和快捷。然而，網紅所獨具的跟隨潮流意見領袖形態是新媒體所不具備。

2·網紅跟隨潮流的購物模式，提升整體垂直電商供應鏈的效率

　　網紅透過精準行銷方式，促進垂直產業鏈效率提升。網紅作為專業領域的意見領袖，其可以利用自己在時尚領域的敏感度、品味以及其背後專業的設計團隊，將符合潮流趨勢且迎合自身粉絲偏好的產品推薦給消費者，這在降低消費者購物難度的同時，提升了供應鏈效率，緩解了品牌商庫存高、資金周轉慢的問題。

3·網紅經濟實現低成本行銷新管道

在傳統 B2C 電商中心平台搜索品類繁雜，且收費日益昂貴的大背景下，網紅這種借助社交平台大量流量宣傳產品的精準行銷模式，極大緩解了品牌商推廣產品效率低下的問題，幫助行動社交電商完成又一次交易場所的轉移。

社會化媒體平台的電商潛力，透過網紅得以有效發揮。電商逐漸呈現社交化特徵，也是社交電商趨勢的一個重要體現。

4・網紅經濟優化的營運模式

網紅經濟大大優化了品牌商家的營運模式，歸根結底還是網紅具有較為低廉、快捷的獲取用戶的能力。

首先，網紅經濟改善了實體店的營運模式。傳統實體門店（主要指直營，經銷商模式則為經銷商主導）需要負責店舖租賃、店員僱傭、各種品牌推廣以及店舖的最終營運。由此帶來的業務支出主要包括店舖租金、廣告費用、人工成本以及其他營運相關開支。隨著規模的擴大，租金、人員工資等一系列費用在總收入中的占比大幅提升。

其次，網紅經濟改善了傳統線上 B2C 電商的營運效率。品牌商尋找新的品牌推廣廉價管道，以獲取新的廉價客流，由此形成 B2C 電商的興起。然而，隨著平台流量開始變現，流量費用也日漸高昂，因此各品牌商亟須尋找新的吸引流量手段，以代替依託中心平台的引流方式。

最終，網紅為 B 端電商吸引用戶提供了新的管道選擇。由於粉絲關注的網紅均為各自專業領域的達人，其對網紅推銷的專業領域產品會更加敏感也更容易接受，因此提高了用戶消費

的轉化率。

5‧網路購物的去中心化趨勢

　　網紅經濟本質其實是傳統商品尋找的新行銷途徑，其核心在社會化媒體平台。網紅售賣的是「偶像」的生活方式。在網紅經濟中，社交管道內容輸出、產品設計、營運、供應鏈的管理等要素很關鍵。網紅作為一個推廣管道，宣傳品牌。在吸引─信任─購買這個社交電商過程中，產品和個人相輔相成。隨著越來越多的顧客流量開始由網紅社交帳號導入，行動社交電商有望透過社交網站承載越來越多的交易功能，網路購物的去中心化趨勢也愈發明顯。

6‧知識入口是第四代交易窗口

　　可以說網紅就是未來的新媒體。人類生意有四代交易窗口，每一代交易窗口的成立，是因為每個價值鏈上的稀缺性特徵而導致。比如交易需求的稀缺，就會導致流量窗口；消費能力稀缺，導致交易窗口，過去的電商都是在這兩個窗口上做文章，第三代交易窗口正在打開，就是人口作為交易窗口。包括錐子臉網紅變成現象，就是一個人變成商業窗口。知識入口是第四代交易窗口，而且大有文章可做。

　　在當前自媒體流量紅利期過後，下一波的自媒體紅利，必將發生在內容價值的深度開發上。當網紅經濟發展到一定階段，也必然會遭遇個人魅力與專業度之間的衝突和瓶頸，最終或將是成功打造知識產品和入口的自媒體成為新的商業模式。

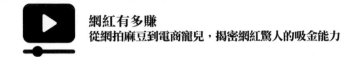

2.1.8　網紅經濟會給哪些產業帶來發展機遇

網紅發展起來後，必然需要商業化的運作，這就是網紅經濟。針對於此，網紅經濟到底可以成為哪些產業的發展契機呢？網紅經濟會給哪些產業帶來發展機遇？

第一，電商可以利用網紅引導消費時尚。

一般來說，電商都會有自己的目標群體。但是不管這家電商多紅、多厲害，總是不能引領眾多用戶群體的消費時尚，尤其是服裝產業類電商。但是如果網紅加入後就不一樣了，因為每個網紅都有自己一群鐵粉，那麼網紅對於這些鐵粉來說極具影響力。往往網紅的一舉一動，甚至服飾習慣都可以成為粉絲模仿的規範。那麼電商切入到網紅，是不是比電商純粹的商業宣傳要有用得多？

第二，網紅為美容、減肥行業注入新的活力。

對於廣大愛美的女性來說，美容和減肥永遠是一個不變的話題。那麼什麼樣的容貌體型才是流行的美呢？其實這裡面網紅的影響力則很大。因為一般來說，網紅的顏值和身材都還不錯，那麼在符合廣大群眾審美觀的情況下，網紅的臉型和身材自然而然是眾多粉絲追捧的對象。而很多美容行業和減肥行業的企業已經進軍這一塊，具體就看這個產業的人怎麼做。

第三，影片直播平台成就了網紅，同時也成就了自己。

影片直播平台首先利用自己的平台及流量，為廣大的草根群體打造了舞台，捧紅了一個又一個網紅，同時也因為網紅在平台的出現，也為直播平台吸引了更多用戶。這樣不斷發展，

共融共生。

可以說網紅的發展，是粉絲經濟的最大的體現，人口紅利的體現。同時當產業發展到這一階段時，需要更有活力的血液進入，諸如網紅，這樣才不會因為管道的乏力而導致產業停滯。

2.2　粉絲經濟

2.2.1　粉絲經濟的定義

粉絲經濟是指架構在粉絲和被關注者關係之上的經營性創收行為，被關注者多為明星、偶像和行業名人等。粉絲經濟最為典型的應用領域是音樂，在音樂產業中真正貢獻產值的是藝人的粉絲，由粉絲所購買的 CD、演唱會門票、來電答鈴下載等收入構成。

2.2.2　粉絲經濟的誕生

草根歌手在即時演藝過程中，累積了大量忠實粉絲，粉絲會透過購買鮮花等虛擬禮物表達對主播的喜愛，在節日和歌手生日等特定時期禮物的消費尤為活躍。粉絲經濟概念的產生為音樂、影視等娛樂產業指明了客戶所在，區分客戶和用戶，並差異化對這兩個群體服務正在被業內人士普遍關注，產業期待粉絲經濟的提出，可以改變近年來收入低迷、新人和新作品匱乏的現實。

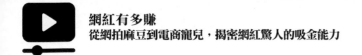
　　網紅透過各種方式，不僅能變現，還能賺大錢，粉絲經濟的時代因為他們的出現才真正開始。

　　網紅互動與反饋，類似於 C2B 客製。網紅的銷售人群較為明確，多集中在粉絲圈或者和粉絲偏好相同，在服裝上新款前和粉絲的充分交流互動，可以為設計修改和產品備貨提供有益參考，粉絲的反饋可以提供多方面的資訊，粉絲的回覆程度可以反映該款產品的受關注度，根據回覆內容可以總結粉絲意見。

　　由於粉絲是其最大潛在客戶，所以這些資訊對於產品的決策具有重要意義。網紅模式為產品細節和備貨決策帶來了資訊增量，細節的改進有利於客戶體驗的增強，備貨量的預測可以盡可能降低庫存風險。

　　產品設計完成後，網紅透過社交平台可以實現引流和導流的配合，Facebook 和 Instagram 都建立有相應的導流管道，電商企業可以透過界面展示自己的產品。用戶不僅可以瀏覽電商網站的產品，還可以將此產品分享到自己的社群。用戶看到喜歡的商品，消費、分享後還可以傳播，更強調社會化行銷。

2.2.3　粉絲產業的七個方面

1・粉絲消費與明星相關的產品

　　一是粉絲必購買演出的 DVD、原聲帶等，這是最為基本的粉絲消費行為。

　　二是粉絲還會購買明星所喜歡或代言的商品，如各種品牌

的手機、電腦、飲料、化妝品等，明星的廣告效應也正來自於粉絲的支持。

　　三是購買與明星相關的東西，比如明星出版的書籍、明星的同款衣褲、食品、玩偶等，印有明星頭像的衣物等。粉絲愛屋及烏，也就一起消費與明星相關的商品。

2・粉絲因支持明星而進行的系列消費行為

　　這包括粉絲支持明星而需要的食衣住行的消費。由於粉絲為了追隨明星，經常會穿梭於各個地方，這對交通以及各地的餐飲和酒店業將是很大的帶動。在交通業方面，各地的鐵粉為了看演唱會，便付出了很大的開銷，機票錢、火車票錢；又為了近距離「偶遇」明星，他們住進附近飯店，目的就是看自己偶像一眼，而飯店的收入不可小覷；此外，粉絲穿印有標語頭像的 T 恤和鞋子，做了無數大型海報，而這些一次性消費品，實在是一筆不小的開銷。

3・因粉絲支持而產生的無形資產

　　這主要就是一些選秀節目的知名度所形成的品牌效應，粉絲的關注度決定了電視節目的收視率；而電視節目的收視率，又決定了贊助企業廣告費用的多少。

4・粉絲團經濟

　　通常，粉絲的追星行為不是私下孤立進行，而往往有集體性，這表現為建立粉絲團等，可稱為「粉絲社群」。粉絲團為粉絲提供了一個平台，不僅可以和大家聊聊喜歡的藝人，分享

自己的追星經歷，有時還可以組織購票——團購。使粉絲更為低價買到演唱會門票等。

5．專業粉絲公司和職業粉絲

專業粉絲公司會招一批職業粉絲，組織活動、在網路上發文、舉橫幅和吶喊等，為明星活動造勢服務，進而分享演出後的利益，公司透過會服、會費、螢光棒、外地粉絲的門票、贊助等獲取收益。職業粉絲顧名思義就是以粉絲為職業，依靠當粉絲賺錢的人。從事「職粉」的人，以大學生為主，他們的時間比較多，對明星有興趣又能賺錢，很受歡迎。此外，很多人選擇職業粉絲作為兼職，他們認為，空閑時間既能抒發情感又能賺到錢是再好不過的事情。職業粉絲收入也是非常可觀的，現在一般性的歌迷會、影迷會都需要交納一定的年費，如果另外組織活動還要再收取活動費。

職業粉絲有三大特點：一是可提供兼職工作機會，為想找兼職工作的大學生和沒工作的年輕人提供了就業機會，這也就在一定程度上推動了粉絲經濟的發展；二是運作模式很像「傳銷」，初級的職業粉絲只負責舉海報、喊名字，基本上只能算體力工作；中級的會去熱門網站發文、為明星製作個人網頁和部落格；最高級的與明星與經紀公司有緊密聯繫，一起參與各種活動的舉辦，向那些加入粉絲團的粉絲收取會費。這樣的粉絲團結構，有些類似於傳銷組織：每個粉絲在成為消費者的同時，又會不遺餘力地向其他人推銷自己的產品（偶像）。你在這個金字塔組織裡的位置越高，就越有可能獲利。三是職業粉絲也有實體，很多商家看到了粉絲行業的商機，社會上也就出

現了粉絲公司等機構。

2.2.4　傳統經濟的兩個時代

傳統經濟是經濟學的名詞，又稱為自然經濟。它與商品經濟相對，多是在鄉村以及農業社會之中出現，主要是依據社會風俗和慣例以解決三個基本經濟問題（生產什麼、如何生產、生產給誰）。

1.0 時代──傳統經濟模式

（1）實體品牌以及老一代的品牌，以生產─銷售─消費者的階梯式傳遞方式營運，比如我想做生意就去製造商品，找到代理商，或者自己開旗艦店，再去利用產品尋找消費者。在供給側缺乏、商品缺乏的賣方市場可以吃香。

（2）弊端是供需不對稱，另外生產方、銷售方和消費方在傳遞中有間隔，會導致資訊無法即時溝通。

2.0 時代──新經濟模式

(1)　現在產能過剩，新消費者以個性化的需求購買。

(2)　粉絲經濟中以「女裝網紅」舉例，網紅 = 粉絲中典型消費者 + 產品生產者 + 銷售者，三位一體沒有障礙。因此，在經濟中交易關係減少層級，呈現了新的網狀結構。

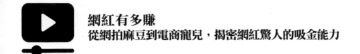
2.2.5 如何打造粉絲經濟

1・產品基礎的建立

所謂的粉絲，一定是針對某固定 IP 的用戶群體，此 IP 的特點要符合粉絲經濟的需求，因此作為 IP 一定要有其能稱其為 IP 的基礎，就是產品品質要夠高。具體來說，產品本身在 IP 製作時，是透過產品形象吸引用戶建立起產品與用戶的關係，用戶體驗了與產品之間的互動之後回歸到產品本身，留下的最後印象是產品樹立的最終形象，整套系統運轉完成，這其中製作需要注意以下三點。

(1) 產品一定要有個性，沒有特色的產品很難打動用戶，也無法讓粉絲向路人推廣。

(2) 產品沒有品質上的明顯短處，但也許產品有部分「黑點」存在，但是都與產品本身品質（即用戶與產品的直接關係）無關。

(3) 每種產品建立關係的方法不一樣，如遊戲建立關係的主要途徑是遊戲語言，包括人機互動和人人互動；電影建立用戶關係的主要手法是透過鏡頭語言和劇本設計等等。

可以看到，粉絲嚮往的產品有傳統品牌產品的部分特徵，只是區別在於產品的個性化，代替了傳統品牌產品的按標準精益求精，那麼推廣過程必然也有部分相似性。產品的初次推廣因為個性化的原因，不適於向大眾群體做推廣，但是核心用戶，即核心粉絲的定位效應一定要好，一下抓住核心用戶的心。我們可以看出來，粉絲經濟的產品品質第一要義就是：

十分鐘內抓住目標用戶的心，只要能夠抓住用戶的絕對領域攻擊，打破用戶的內心防護，那麼粉絲經濟的成立條件就部分存在。

2・產品的自推廣環節

所謂自推廣和 SNS 的病毒式行銷有部分相似的地方，即如果基礎用戶群越大，則自推廣的效果越好，所以自推廣環節是建立在產品品質和產品不斷更新，拉動新用戶的基礎上。一般來說，產品用戶包括核心用戶、潛在用戶和跟風用戶，核心用戶和潛在用戶都已獲取之後，產品就有實力向大眾傳播，透過一級一級精細化推廣，保證每一級的推廣品質和用戶留存。這就需要產品本身有對潛在用戶的包容性，舉例來說，青少年男團，拉動的第一批核心用戶是正太控阿姨。這一波人定位既準，數量也多，而他們的是團隊成員，在逆境中堅持學習的好學生形象，進一步打動同齡人，把許多同齡人拉進團體，這時候粉絲的自傳播力量就造成了良好作用。

粉絲的自推廣環節，就是粉絲在產品的推廣週期的巔峰處，配合產品本身的呼喚出擊，和路人形成互動，從而完成讓路人關注產品的過程。和傳統方式不同，傳統方式更趨近於赤裸裸的洗錢環節，交易色彩濃厚，所有參與者都是路人心態；粉絲傳播時行為和金錢推廣完全不同，能夠讓路人感受到部分誠意從而引起思索，人的思維的碰撞夠多的時候，就可以產生對產品的推廣效應。從粉絲推銷向路人的需求上，該產品一定要有獨特的個性，因為如果是在已有知名產品基礎上精益求精，推廣時路人一定會拿原產品和現有產品比較，先入為主的

概念看到的都是相同點，甚至是「黑點」，那麼這個產品所做的一切工作都是事倍功半。

從這裡我們可以看出，產品要拉到一定數量的用戶，才能完成粉絲的自推廣環節，這其中持續不斷推出新話題、拉動潛在用戶，是粉絲推廣爆發的基礎。

3・產品的內部生態與轉化環節

以 Facebook 營運為例，大部分 Facebook 的內容接近，而營運得好的 Facebook 帳號總是有意無意更強調自己對於粉絲用戶的價值作為長期發展目標，透過了解粉絲目前的需求和關心什麼，甚至是粉絲反應為何。製造話題的能力與引導話題的能力成為營運能力的分野，無論成立時間的長短還是粉絲群體目前的人數規模，都不會影響其成長率的高低，僅與討論密度有強烈正相關。

粉絲經濟產品內部的用戶狀態，有點類似於多人線上網遊：分為多個粉絲群，每個群之間既存在共同點又存在競爭。一般來說，競爭意識是誘導粉絲付費的最大付費點。但傳統品牌市場大都被海外占據，粉絲經濟還要承接傳統品牌市場的義務，所以大部分粉絲經濟產品內部的粉絲都是組織合作的形式，競爭形式更少。偶爾如 AKB48 那樣，合作和競爭都到位的團隊，也要從親民開始做起，競爭環節的開放其實已經變成了產品的一個宣傳點，因此無論是產品內部生態是引導到 PvE 向還是 PvP 向（遊戲用語，PvE：成長，PvP：競爭），還是為了引導產品向傳統的大眾變現管道如院線、網路營運商等服務。那麼透過幾步曲折：定位核心、產品更新迭代拉動潛在、

製造話題粉絲推廣，最終短期走上大眾舞台，是不是比起傳統的直接砸資源登上大眾舞台的成本更高呢？其實對於登上大眾舞台，兩者定義不一樣，對於傳統資源推廣，大眾舞台是一個推廣環節，推廣到路人後還要看產品自身的品質能力，而對於粉絲經濟產品，因為隨著和粉絲的互動產品已經在不停迭代改變，那麼大眾舞台除了是進一步推廣環節，還是該產品的轉化環節。

經歷一路細緻營運推廣的粉絲經濟產品對比傳統大眾產品，有著以下優勢：

粉絲韌性度高，後期付費穩定，社會效應更強；

產品生命週期長，因為前面所說的產品個性化強，因此不容易被複製，比起傳統產品來得快去得也快，最終往往為別人作嫁衣，這種產品對製作者也是一個堅實的起點。

因此，很多傳統網路行業的巨頭在經歷了風風雨雨後，認識到要有真正屬於自己的一片天地，粉絲經濟也開始廣受關注。最後我們可以看出，粉絲經濟產品的特點，是對於產品品質有要求，早期要吸引眼球並抓住用戶心理的能力，即兼顧個性化的同時產品不存在短處；另外利於粉絲圈擴大的包容能力，過於小眾無法發揮的題材也有問題。

對比起前期無短處、有個性的用戶體驗，中後期只需要跟進維持該體驗，就可以達到比較良好的效果。至於產品推廣，要分三步來走：

(1)　針對核心用戶的心理擊破，核心用戶先付出第一筆經費，檢驗產品定位；

(2) 針對產品品質拓展，同時開發潛在用戶，基於第一步所需的費用和後續資本的運作下，第二步更像是一個在多個小範圍內的撒網過程，針對幾種有可能的潛在用戶進一步推廣，充實粉絲群數量，分離出粉絲群內部的小圈子；

(3) 提供粉絲向社會推廣的契機和平台，所謂契機，就是公司炒作在先，粉絲藉機炒作在後，形成一股社會話題力量促使路人關注，最終完成「路轉粉」的過程。

這些步驟要求產品本身經得起考驗，無什麼黑歷史也要求對於粉絲向社會推廣所需要的功能，要讓平台進一步評估整合。這一步的推廣是層層遞進式，好的節奏設計會讓效率加倍。這三步每一步都是後一步的基礎，要分別進行數據分析來確定策略。

在留住老用戶的基礎上，不斷用傳統手段＋粉絲群體宣傳迭代，最終粉絲經濟的效果就如同復仇者聯盟，平時的粉絲數量可觀，但大部分沉默，當有任何重點活動契機的時候，大部分粉絲和社會大量跟風用戶都會受召喚而來。從無到有構建粉絲經濟至今尚無定法，有待於進一步探索、嘗試和成敗的教訓。

2.3　社群經濟

2.3.1　什麼是社群經濟

1 · 社群

　　社群這個概念早就存在，我們傳統的基於血緣和地緣的村落，就是一個典型的社群。按照社會學家費孝通的說法，鄉村社會的結構就是一個以血緣為基礎的同心圓狀的組織，以族長為中心，按親疏關係形成差序格局，就好像丟一顆石頭在水面，以這個石頭為中心，一層一層蕩漾開去的漣漪，就是我們傳統人際關係的結構。

　　社群簡單認為就是一個群，無論載體是 LINE 群還是 Instagram，社群需要有一些自己的表現形式。比如說我們可以看到社群要有社交關係鏈，不僅只是一個群而是基於一個點、需求或者愛好，將大家聚合在一起，我們認為這樣的群就是社群。而社群經濟的基礎，就是需要有這麼一個社群，一個夠垂直、夠細分，並且具有一定特色的社群組織，才有下一步商業營運。一個社群體系一般有領袖、管理者、活躍分子幾類，我們需要找到不同的營運對象，潛在目標客戶群體，社群經濟想要應用，一定需要能夠實現商業閉環。

2 · 網路社群怎麼形成

　　在 PC 網路時代也有社群，但更主要的形態是社區，而不是社群，網路就是一種工具，我們的上線時長受硬體條件制

約；但是在行動時代，行動裝置就是我們身體的一部分，是肢體和思想的延伸，幾乎可以無時無刻、隨時隨地在線。行動網路的這個特性，對傳統人際關係的影響是顛覆性的，不光是改變，而是溶解。

行動網路時代的這一現象，更像是一種「返祖」。這個「返祖」現象，簡單理解，就是人際關係就像回歸到傳統的村落時代。社群好友的關係，也許相互之間遠隔千里，但基本上是你的朋友，或朋友的朋友，也就是說，彼此之間是透過某種紐帶連接在一起。這種關係就很像村落時代的關係，就算不是很熟，但尋根溯源，差不多都沾親帶故。在這樣一個村落中，有懶人，有能人，有鐵匠，有當鋪，有米店，鐵匠知道你家的農具什麼時候會壞，米店知道你什麼時候會斷糧，賒賬、借個東西都不是問題，這就是建立在社群基礎上的信任。

2.3.2 社群經濟開啟一個偉大的時代

在行動網路時代，無數的創業者圍繞著內容 + 社區 + 電商（Contents+Community+Ecommerce）這樣的商業邏輯在重構社群。而因為行動網路 + 社交媒體的強大力量，使得行動網路時代的社區比起 PC 時代的爆發性更迅猛，各類行動網路應用都在各垂直領域固化著各自的用戶群體。

在新商業時代，品牌要學會跟社群對接。從此沒有大眾傳播，只有一個個社群，而每個人也都會在不同社群中扮演不同的角色，品牌要學會與符合自己受眾的社群共振的辦法。

實際上，在新的商業生態中，最厲害的是依託社群做產

品，讓媒體影響資源，而每一次粉絲瘋搶都可以使更多媒體跟進；其次是依託社群做電商。社群電商的優點在於少了流量成本，自然可以增加利潤，這在沒有社群的傳統品牌中來看都是不可想像的。

依託社群做廣告公關，則是社群經濟中普遍的商業模式，儘管這樣的商業模式貌似最 low，但因為商業鏈條短，對於保持著極精幹團隊的自媒體人來講，卻不乏是一條最簡便的商業模式。

實際上未來的品牌，如果沒有社群和粉絲的支持，是很難影響傳播能量。無論如何和各新媒體合作，畢竟是別人的用戶，別人的平台。可以看到，未來的商業形態應該是每個品牌都有自己的社群。或者說，沒有社群的品牌即使能夠生存，但遠不會有擁有社群的品牌生存得好。做內容出身的媒體人，最後會希望以產品來變現，而從產品和品牌出身的傳統產業從業者，則希望擁有自己的粉絲和社群。

2.3.3　社群經濟時代的六個商業趨勢

趨勢一：基於粉絲的社群經營

粉絲和消費者的區別是什麼？粉絲是一種情感紐帶的維繫，粉絲行為超越於消費行為本身，因此，品牌要嘛將粉絲變成消費者，要嘛就要把消費者變成粉絲。

從蘋果開始，賈伯斯的「果粉」就是典型的粉絲連接，即使蘋果手機定價在三萬元以上，有著同樣情懷和審美的粉絲群體，一定會認同這個價值。不去討論蘋果手機未來如何，僅

這一點，他擁有大批「果粉」群體的手機，而在行銷上，他獲得用戶的成本可以降低，未來，他還需要繼續開發粉絲的關聯需求和價值，這是社群時代的新商業規則——用社群定義用戶。經營社群去開發基於核心產品的延伸需求，這區別於工業時代的產品為王——先定義產品，再尋找消費群，然後再經營用戶。

趨勢二：用戶「智造」產品的時代

工業時代，企業強調的是「製造」，「製造」是以企業為中心的商業模式；而在網路時代，消費者希望參與「創造」，因此，進入一個新的用戶「智造」產品的時代。這個時代的特徵，是企業永遠不要覺得自己懂一切用戶的需求，而是讓用戶來參與提供需求的過程，甚至邀請用戶參與解決消費需求的工作，企業需要為消費者設立「回饋區」和「創新區」，並懂得將這些社區的消費者內容為創新所用，「回饋區」和「創新區」，就是消費者痛點的發掘之地。

趨勢三：人人可參與的眾籌商業

「眾籌」這個詞，近年來一直很紅。眾籌透過網路，把原來非常分散的消費者、投資人開發聚集，為那些創新、個性化的產品找到了一個全新的生態圈。「眾籌」是個性化、客製化、分散化的產物，改變了消費者的角色，讓粉絲、社群都可能成為創新商業推動者和投資者，這是一個新的社群商業。

趨勢四：觸發用戶的情景行銷

智慧家庭、行動裝置、穿戴式市場，大數據、即時感測器等等，都在各個維度和用戶產生連接，這種連接通常存在於消

費者具體的情景。很多時候，行銷要觸動消費者，一定要有匹配的情景，而新技術的發展，讓隨時擷取這種情景變得更加容易。比如穿戴式市場，比如行動網路和任意的廣告和實體店的連接。例如，如果你可以透過手機 WiFi 快速獲得品牌的專賣店或者零售店的優惠券，或者本地化的一些消費資訊，或許你會在上班中午吃飯的時間，到周圍的商圈購物，也或許你會由於與大樓螢幕上顯現的 QR code 的連接而到辦公室的電商平台購物。行銷如果不能讓消費者觸景生情，或者觸情而動，那麼就成為了強制和粗暴的廣告推送，而對於用戶場景的觀察與新場景的製造，都能帶來新的傳播機會。

趨勢五：即時響應的客戶服務

今天，每個企業都要即時響應消費者需求。而行動網路技術的發展，讓消費者即時需求集中爆發，同時，企業也將改變服務的形態，例如線上客服，社會化客戶關係的管理。

趨勢六：打破邊界的用戶協同

儘管所有的企業都在講大數據，甚至構建各種大數據的管理中心和體系，但是，「大數據孤島」成為企業面臨的新的問題。用戶數據與後台數據，線上數據與實體數據，社交媒體數據與實體零售數據，會員卡數據與 Facebook 粉絲數據等等，都存在需要協同的問題，如何以用戶為中心，打破組織和部門管理的邊界，帶來全面的用戶協同，才能真正讓企業的這些大數據產生價值。

但是，打破邊界對於很多企業而言卻是存在內部文化的極大挑戰，而未來用戶協同的界面對於企業創新和行銷，卻是必

然要面對的改變。

2.3.4　粉絲經濟與社群經濟的本質區別

粉絲經濟的特徵：

- 粉絲經濟都有一個核心，這個核心是粉絲的共同目標，例如蘋果的粉絲的目標是 iPhone、iPad、Mac。
- 粉絲經濟是單向的，也就是說是粉絲目標向粉絲出售產品或是服務，而粉絲之間幾乎沒有，粉絲也很難向粉絲目標出售產品和服務。
- 粉絲經濟相對穩定，很多粉絲會堅定支持目標對象，一般情況下不太容易改變。

粉絲經濟的特點，造就了一批明星利用自身名氣商業化，出售產品和服務，例如林志穎出售化妝品等等。鑒於此，網路上出現了大量的網紅，先是讓自己出名，再從事商業活動，不少網紅依靠賣衣服等，收入不菲。

網路讓人與人的連接變得如此輕而易舉，為粉絲經濟帶來了更多機會，使粉絲經濟發展前景廣闊。對於擁有一技之長的初創業者，嘗試認識網紅，走網紅路線變現，進而融入粉絲經濟，將是一條十分有效的發展途徑。

社群經濟的特徵：

社群經濟也有自己的核心，這個核心在有些團隊中非常重要，有些團隊中可能沒那麼重要，而現在論得最多的是去中心化的例子。其實我不太認同去中心化的說法，因為任何團隊都應該也都會有它的中心，所謂去中心化，往往更多的是泛中心

化，原來是一個大中心，大家圍繞著轉，現在是無數個小中心，大家獨立運轉，主動性更強，效率更高。

社群的經濟是多向的，社群之內，大家有共同的價值觀或其他連接點，成員之間互通有無。

社群三大價值：①經濟價值；②人脈價值；③成長價值。

社群經濟也有相對穩定性。物以類聚，人以群分，無論是經濟屬性，還是社群屬性，人都是要生活在群體中，找到和自己互補或類似的人，是人的重要社會屬性。

粉絲經濟畢竟需要強大的粉絲感召能力，才能形成粉絲經濟，而社群經濟的不同之處在於，無論自身條件如何，只要融入一個社會群體，都可以借助大眾資源平台很快成長發展，而未來的社群經濟，將是不少草根階層躍起的新的重要管道。

2.3.5　從網紅看社群化行銷

網紅的成功其實是粉絲經營的成功，在粉絲經濟中，除了網紅，經典例子 iPhone 也是粉絲經濟的成功。但還有一個現象不容忽視，那就是：他們的成功很難複製。上千家的網紅商場，才算得上是大眾的社群化行銷，那麼，從網紅的粉絲行銷中，從社群化行銷角度看，具備了以下三個要素。

1・社群化行銷要娛樂化

其實這不難理解，例如「聖結石」就擁有百萬訂閱；而曾經嚴肅的電視綜藝節目，無論是歌手還是演員，在和觀眾互動時，通常都會博觀眾一笑。同樣，傳統產業那種填鴨式的銷售

方式，已經被網路客製弄得市場銷量逐漸萎縮，企業想要獲得用戶認可，就要放下曾經高高在上的作風，和粉絲用戶互動，了解他們的需求，滿足他們的願望，才能夠在競爭激烈的市場中拿到訂單。

除了放下高冷的架子外，行銷娛樂化還包括另一種含義，在網路社群化行銷中，「明星代言」依舊有效果，不過在如今的網路時代，「草根明星」獲得的粉絲更忠誠，當然，也可以適當借用當紅的「明星」的話語、衣飾、事件做行銷話題。網紅本身就有很強的「娛樂」性，這種娛樂是一種對美的追求和嚮往，就像大街上走過一個美女，具有超高的回頭率一樣，穿著為網紅量身打造的衣服的時候，也會在無形中感覺到擁有「高回頭率」的幻覺。

2・社群化行銷需要專注

粉絲經濟需要一個關注點，而天生麗質的網紅就有很強的眼球效應，憑藉年輕美貌就可以吸引大批粉絲，這是其他社群化行銷所不具有的優勢。

同時，社群化行銷要「量身打造」。據統計，網紅銷售的產品主要圍繞四大類：服裝、美妝、旅遊和母嬰用品，這四類用戶和網紅可以有效結合，發揮優勢。

3・社群化行銷需要塑造品牌

從很紅的網紅中不難看出，基本上都是團隊操作。如今很多網紅，實際上已經被集團化運作，他們在拍、秀、與粉絲互動，用這樣的方式獲得用戶的流量和注意力，而在後面則是品

牌在運作。

　　網紅是注意力經濟，而對於個人來說，只有在品牌的引導下才能將自己的能力發揮到最大。同時，網紅作為社群化行銷的成功模式，要涉及的因素有很多，對於一些比較一般的企業和個人來說，很難大力影響各方面的人脈資源，最終只有在用戶中形成品牌，或者品牌推廣才是社群化行銷的最終目的。

2.4　如何高效利用網紅思維

2.4.1　網紅將是下一個趨勢

　　趨勢年年有，虛擬實境（VR）、體育文化、無人駕駛、人工智慧、眾籌、自媒體、網紅經濟。每個產業的從業者，都希望自己所處的產業在網路趨勢，而網紅的快速成名致富，無疑讓一些人看到了生命的另外一種可能，而隨著社交管道越來越多，網紅已經從偶爾出現變成了遍地開花。

　　注意力經濟時代，催生網紅經濟。著名的諾貝爾經濟學獎獲得者赫伯特.賽門（Herbert Alexander Simon）在對當今經濟發展趨勢預測時也指出：「隨著資訊發展，有價值的不是資訊，而是注意力。」這種觀點被 IT 業和管理界形象描述為「注意力經濟」。

　　隨著網路發展，文學、音樂、遊戲、主播、創業、傳統藝術等各個領域都出現了網紅，但是現在的網紅已經不再單純指上一個時代的網路紅人了。上一個時代的網紅，粉絲碎片

化，沒有良好的變現措施。而 2.0 時代的網紅，有積聚粉絲的 Youtube、Facebook、Instagram、Twitter 等平台，這足以讓「老一代」網紅眼紅不已。在這特定的時代背景下，網紅經濟逐漸顯露並興起。

行動智慧化時代，助力網紅經濟。你會習慣性掏出手機，不自覺打開 LINE、Facebook 的 App，打開更新，儘管你在幾分鐘前剛剛打開過。智慧型手機的普及，更能有效利用碎片化時間。隨著行動網路的發展，人們的注意力更加集中在智慧型手機。但資訊大爆炸會分散人們的注意力，如何有效獲取關注度，是網紅需要面臨的問題。

從最初資訊載體是文字的網路社交時代，到資訊載體是聲音、圖像的網路社交時代，再到現在以影片作為資訊載體的網路社交時代。載體不斷發展變化，使得其更具優勢。影片兼具了感染力強、形式內容多樣、創意種種特徵，又具有網路行銷的優勢，如互動性、主動傳播性、傳播速度快、成本低廉。

2.4.2　如何利用網紅思維售賣產品

1・網紅要與產品內容相匹配

在如今的行動時代，即是社群化。優質內容可匯聚人氣，從而將人氣換成流量，有流量才能談得上轉化，最終變現。因此，找到與自己的產品相匹配的內容最關鍵。

如果你做手機，那就看蘋果，透過引導「果粉」自發的創造和分享手機的相關內容，從而把流量提高，接著再轉化。

如果你做眼鏡，眼鏡業看起來貌似並沒有什麼好的網紅題材，但是自從智慧型手機的拍照功能越來越強大，類似B612、SNOW 這種拍照 App 非常流行，社群網站也往往被一些自拍族洗版。這就是機會！眼鏡不就戴在臉上嗎？這個時候我們就可請他們做代言人，讓他們按照自己的品味，在眼鏡樣品中選出自己的喜好，然後戴上展示。再請攝影師幫他們拍照，在官網上為他們編輯和撰寫有質感的簡介。之後，代言人自然會在第一時間把內容分享到 Facebook、Instagram。那麼，流量是不是就來了呢？我們設想一個場景：代言人的 ×× 同學，看到他某張照片上的眼鏡後，感覺很好看，會不會問他怎麼買呢？然後我們的代言人自然會告訴他。

2・注重產品內容

在用網紅思維做行銷的過程中，首先要注重產品的內容，在網紅影響力還不夠深時，千萬不能強制賣產品給客戶，這樣會摧毀整個行銷策略。始終要記住我們的產品是道具，是配角，絕不能搶了主角的風頭。當大家打開各種新聞 App 時，看到的也是以內容居多的。所以在沒有匯聚大流量前，先不要強制推銷給客戶。作為社群經營者來說，我們要做的就是想辦法了解你的粉絲想看到什麼、想要什麼。

3・以經紀人思維來重視網紅

一旦你選擇網紅思維行銷，那麼此刻你所售賣的產品已經不是自己的產品，而是網紅，這個就已注定你需用經紀人思維來重視網紅，如果自己都不把他們當成明星，那他們怎麼會

有粉絲？

要知道，網紅思維是獲取流量，而流量的來源就是粉絲，粉絲經濟很重要。而粉絲最想看到什麼？你要給你的網紅策劃話題，哪怕跟你的產品暫時沒有任何關係。策劃他們粉絲背後喜聞樂見的東西。而他們的第一批粉絲是誰？是他們的親朋好友，那就多研究一下親情吧；第二批粉絲呢？與好友相關的陌生人，那就讓網紅多出入一些看起來很高級的場所；第三批粉絲呢？或許就需要一個爆炸性的內容了，好的，或者壞的！我們的代言人正是按照這樣的邏輯走出去。

用網紅思維來售賣產品，是基於流量思維，要先找流量來源，流量初始來源就是內容製造，慢慢分享的內容多了，流量自然就會來！

2.5　月入百萬的網紅達人

在社會轉型中，網路中應運而生、新媒體環境下一躍而紅的「新職業」——網紅。他們大多數顏值高，善於表達，出身草根，擁有基數龐大的粉絲群，他們搭著新媒體的列車，借助美顏、Youtube、Instagram乘風破浪，席捲數百萬粉絲。他們的收入是一個謎，也是一個誘惑，他們促成了「網紅經濟」的誕生和興起。

2.5.1　網路購物平台的「網紅」

網紅商場在各個方面都呈現出與以往網拍不同的特點。某

服飾產業巨頭曾指出：網紅現象本質上，是粉絲經濟個體去中心化，網紅商場都有美麗的模特；消費者比大眾商城用戶年齡平均年輕五歲，集中於「七五後」與「八〇後」；線上消費比產業平均水準高 10% 到 20%，這也與新技術的發展趨勢很契合。

　　網紅商場的供應鏈也更加柔性，常規的網拍流程為「上新款—平銷—折扣」，但網紅商場則是「挑款—粉絲互動、改款—上新款、預購—平售—折扣」。這種更為柔性的供應鏈的好處就在於，挑款能力強，測款成本低、C2M 模式將成為可能，這代表了 DT（數據處理技術）時代的營運方式。

2.5.2　「網紅」新勢力

　　「網紅」常常被認為是長得好看、會化妝、會拍照，但他們也會透過自己的努力書寫勵志創業故事。

　　一些規模依然較小的網紅店，也正在順利接下一家家投資機構的投資和加盟。「一是在社交平台上有大量的粉絲，二是強大的變現能力，能把這種『紅』變成一種生產力」，網紅現在已經能夠被重新定義。「網紅有很多優勢，以前都沒有被開發出來。例如在社交媒體上擁有大量粉絲、用戶年輕且忠誠度高等。」

　　某服飾業高層表示：「傳統的店舖營運，會先透過小批量的上新款，看看市場後再決定是否推廣；而網紅直接把自己的衣服照片放到社群，看評論就能決定訂單量。所以在供應鏈上，成本是絕對的低。再加上粉絲忠誠度出奇高，一位有幾十

萬粉絲的網紅，輕鬆就能得到十幾萬元的回報，這些都會將開店成本降到最低。」

但這些網紅也有不少缺點。他們有的是做模特出身，有的則是經營個人社交媒體。但當他們紛紛開店，將自己的粉絲優勢變現為商業價值時，瓶頸很快出現——店舖日常營運、供應鏈、設計、打版、庫存、客服、團隊管理……事無鉅細全靠自己難以為繼。於是，市場上出現了一些網紅孵化器，透過入股的方式為這些網紅店提供打包的解決方案。

隨著網紅越來越受關注，他們的能力和創造力也漸漸被認可。但也有人分析認為，因為個人原因聚集的一批粉絲，能實現小規模套現，很難支撐更大的市場。

2.5.3 網紅行銷的特色

1 · 網紅是個人品牌行銷

網紅誕生於行動網路深度分割下的社交媒體中，由於這些社交媒體本身的泛社交屬性和極度開放性，為網紅的誕生帶來了天然環境，泛社交化的環境既是焦點內容的引爆源又是意見領袖的論劍圈，同時明星名人效應又帶給社交無限話題焦點，其無限開放性以及轉發、評論等功能，進一步推動資訊擴散和發酵。直播影片平台，更易於用戶的立體化展示和趣味化、個性化內容傳播，無疑順應了網紅興起。但是網紅本身依靠個性的文字、照片、影片等來展示自己的形象、生活，本質在向粉絲售賣自己的生活方式，他們時不時為粉絲提供相關攻略，久而久之在粉絲心目中的形象定格，屬於典型的個人品牌塑造，

網紅依靠在社交網路的帳號，用才華和藝術等等售賣自己，無疑是個人品牌行銷案例的範本。

2．網紅將商品行銷於無形

網紅首先在社交圈 Po 美照，或吐槽當下焦點事件，或展示自己的個性影片等等，本質上是在進行自己的社交行為，而且依靠自己的才華或者各類攻略技巧吸引關注，有一個累積、重視粉絲的過程。網紅透過 Youtube 或者其他影片直播平台，獲得關注和粉絲信任，先聚集一定量粉絲，然後以日常生活插播自身的同款商品，無形中吸引無數的粉絲前搶購訂製，網紅的商業模式就勝在將商品銷售於無形中。

3．網紅有一套完整的商業途徑

網紅依靠社交網路售賣生活方式，粉絲暴增後，依靠個人品牌和形象，為粉絲訂製商品，將粉絲引流至電商平台，前期巨量的粉絲數量為行銷打下了基礎，粉絲提前訂購網紅同款商品，且網紅親自向粉絲一一展示，明星級別的體驗無非增強了產品在粉絲心目中的絕對印象，借助帶有強烈網路思維特色的「搶先預購」，無非是行銷思維上的創新，逃離了強推和談判交易行為，免去了一切購買過程中的複雜環節，一整套商業途徑水到渠成，長期累積下來的個人品牌效應在極短時間內，達到傳統實體店舖一年的銷售額已經習以為常，這就是從灰姑娘到網紅明星完美蛻變後所帶來的力量。

2.5.4　網紅背後有哪些寶

如今，網紅絕對是網路虛擬世界裡隱形的淘金大亨，開啟了一扇新商業經濟的大門，這絕非偶然。自媒體經濟引領流行，網紅經濟席捲，這是商業經濟發展的必然規律，行動網路必然為當下商業經濟帶來無數不可預知的變數。那麼方興未艾的「網紅經濟」的主角網紅，年收百萬背後都有哪些制勝法寶呢？

1・網路文字時代的網紅，文筆和才情共舞

網紅最早起源於網路化的文字，帶有網路特色的幽默、詼諧文字驅動網紅流行，因為其年輕化、個性化、趣味化而深得年輕網友的心，網路文學恰恰在此時勢如破竹，乘虛而入，憑藉自身的文筆和才情切入當下具有網路特色的網路文學，一鳴驚人。民國九十年前後，嘉義痞子蔡（蔡智恆）的《第一次的親密接觸》，在兩岸刮起一股網路文學風，許多網路作家嶄露頭角，活躍於地方、校園等網路論壇，成為最早的網路紅人。

在這之後，有些網紅以大膽高調的言辭充斥網路論壇，這雖然是一種自我炒作的惡俗方式，但不得不說對自己的知名度和影響力增加了不少的份量。

2・社交圈裡的網紅，Facebook、直播平台

以顏值爆紅網路社交圈，以個性化、趣味化圖文、影片內容持續引爆 Facebook、Youtube 及影片直播平台的網紅，是社交網路平台，尤其是行動社交網路崛起的必然產物。Facebook的泛社交化模式更適合網紅以顏值和生活日常分享，更易於內

容製造，同樣更易於分享傳播，商業變現水到渠成。直播平台讓粉絲面對網紅，拉近同網紅之間的距離，增加了粉絲的黏性和信任度，從而形成強大的粉絲效應，尤其是各種影片、修圖App 的流行，順應了行動網路環境下資訊碎片化、影片媒體化的屬性，具備天然的傳播和聚粉能力，成為新一代網紅發力的首選之地。

3・Instagram

Instagram 無疑是當下最風靡的社群媒體，因為圖片的視覺化效果顯然勝於單薄的文字，在瀑布流的震撼視覺下，圖片對用戶更具信用性和商業化魔力。愛好時尚，喜於穿搭，渴望美麗的達人借勢發力，在這些重度垂直的時尚圖片社交網站為用戶分享穿搭心得，日常經驗、流行服飾而累積用戶，瘋狂吸粉，久而久之成為某一領域的達人，突然爆紅，坐擁無數粉絲，大多數為自身忠實目標用戶，為商業變現直接打好了基礎。

在視覺效果震撼，性感模特照片背後，是電商交易平台，無須出貨、快遞、客服，更無須重視網拍的信譽，僅僅網紅分享，一條資訊即可將一個網拍的信譽拉升無數等級，帶動熱門商品已經習以為常。在巨額粉絲流量的驅動下，網紅從粉絲手中抽走的流量佣金異常驚人，曾有媒體報導，這樣的網紅日入幾十萬元也屢見不鮮。網紅僅僅需要扮演好一個網路明星的角色，自拍、Po 日常，分享經驗，和粉絲保持互動，便可居家輕鬆月入幾十萬。

4‧一般網紅的基本變現模式：廣告、出書、實體店、節目、商演

　　網紅本質上是在售賣自己的「偶像」生活方式，向粉絲輸出自己的內涵、才華或者日常瑣碎，聚沙成塔，一步一步建立自己在粉絲心目中的形象，然後實現流量變現的過程，此其中，商家廣告，來自粉絲的讚賞，日常心得經驗成書，以及實體店經營都是網紅淘金的制勝法寶。許多網紅還開了與網拍同步的實體店，以解決網路行銷模式下供應鏈不足的弊端。

　　網紅商業模式種種，變現法寶重重，已經成為新時期的商業經濟新流行，網紅經濟絕對不是單純的流量背後的電商轉化，在其背後是一整條明星化的網路經濟新模式，必將成為商業經濟的絕對主力。

2.5.5　網紅賺錢營利的十大方法

1‧廣告

　　這是最簡單和直接的營利方法，簡單說就是在自己的平台幫助商家投放廣告賺錢。這個廣告形式包括廣告、業配文和置入式行銷。

- 廣告：比如直接在 Facebook 發布商家的廣告，或是直接轉發商家的廣告或內容。
- 業配文：比如在 Youtube 提到商家的新聞稿、業配文。比如像一些主播類的網紅，在主持時會適當提商家的產品。
- 置入式行銷：通常網紅想靠廣告賺錢，需要有一個或是幾個屬於自己的平台，比如說 Facebook、Instagram，同時

這些平台還要有一定的粉絲量。比如：Prada、香奈兒等品牌發布新的口紅、香水等產品時，會找網紅發廣告。他們甚至會在不同的時間節點，找不同的網紅，展現產品的某一個特點，以達到精準行銷。奢侈品圈、化妝品圈已成為網紅收入的重要來源。

2・拍片

對於一些「以貌取勝」的網紅，不少人選擇了拍片賺錢，這裡說的「片」主要是指平面圖片或是廣告等，通常平面圖片居多。比如說雜誌配圖、廣告圖片、產品圖片等。甚至有不少網紅就是平面模特出身，品牌方請擁有幾十萬粉絲的網紅拍照片，需要支付好幾萬元的廣告費。

如果你是一名攝影師（尤其是自由攝影師），肯定也想要自己的作品被更多人看到，成為「網紅攝影師」是個不錯的捷徑。因為這意味著有更多客戶會欣賞你找你拍照，當你有了強大的客戶群，收入以及名氣自然也就不在話下了。這就像是滾雪球效應，當找你拍照的人越多會給人「這個攝影師很厲害，我也要找他拍照」的印象，又會吸引另一批人來找你拍照。

3・站台

這裡說的站台，是指參加各種商業活動。比如參加車展、商家的開業典禮、走秀演出等。碰到大咖一點的，說不定還有禮物可以收。一般透過這種方式營利的網紅和第二種差不多，大部分也是比較有「顏值」，另外對於拍片和站台這兩種方式，往往都需要與專門的經紀公司或是商業公司合作，只是靠

自己找客戶效率比較低。還有的綜藝節目，為了顏值或者噱頭等目的去請網紅，都要給通告費，如果是那種長期站台的綜藝節目，也算是一筆穩定的收入了。

4．主播

對於透過靠線上直播平台成名的網紅，主要方式就是透過主播工作來賺錢了。主播賺錢的主要方式，是透過引導用戶購買虛擬禮物，然後按比例提成，如果碰到特別慷慨的，那更是賺得口袋滿滿。

例如，有位中國網紅說，不斷有人在直播裡送她「火箭」。這是一種虛擬貨幣，粉絲購買後，一架帶著買家名字的卡通火箭，會從螢幕上飛過，遠比普通粉絲的彈幕醒目。每架「火箭」的價格是五百元人民幣，有個土豪曾經一口氣送她幾十架「火箭」，占滿了整個螢幕。收到「火箭」後，她會在攝像頭前跳舞、飛吻、擺出可愛的姿勢和眼神，然後把送「火箭」的粉絲名字念出來，表示感謝。

這種營利方式就需要有一定的語言表達能力或是表演能力，而且要有一定的特點或是人格魅力，能夠吸引人經常在你主播間停留，而且還能夠吸引人經常買虛擬禮物給自己。

還有一些比較慷慨的平台，會高薪聘請一些網紅，既可以吸粉又可以圈住老用戶。

5．社群

對於粉絲不是很多的網紅，透過社群營利也是一種不錯的

選擇。可能有人不知道社群是什麼意思，在這裡簡單普及一下：社群簡單說就是一個組織，具體表現形式，大可以是一個協會，小像是 LINE 的群組。但是注意，並不是說你成立了一個群組就叫社群，社群要有完善的組織架構，要有自己的定位、名稱、規則等，比如明星的後援會、各種汽車的車友會就是典型的社群。

社群的營利方式最直接的就是收會費。社群的成員變多後，也可以在社群裡銷售產品。想透過社群營利，就需要社群有一定的價值，且能夠為社群裡的成員持續帶來價值。

6・網店

對於一些有商業思維的網紅，不少人選擇了開網店，利用強大的號召力和粉絲基礎，直接透過銷售產品的形式變現。

7・拍劇

對於一些多才多藝的網紅，也有人嘗試向影視業發展，尤其是隨著網劇的興起，提供了很多機會。當然，這條路也比較難，因為確實要求比較高，所以到目前為止，透過這條路成功的也不是很多，大部分都還是拍微電影。但在宣傳中作用可不小，把「微」字一去，就成拍電影了。

8・商業服務

也有一些網紅有非常強的商業能力，或是背後有相關團隊或是合作夥伴，以為企業提供商業服務營利為主。比如行銷策劃、行銷推廣等。其實這也是一個不錯的方向。

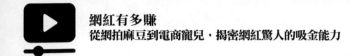

9・嫁入豪門

與拍劇成名的網紅比，成功嫁入豪門的網紅又更少了。

第 3 章
網紅是如何練成的

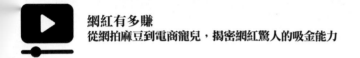

3.1　網紅產業的四大趨勢

1・影片化

　　人們對外界的認識方式發生了翻天覆地的變化，其難易程度可以按照文字、聲音、圖片、影片的方式來區分。在古代，人們認識外界主要透過閱讀書籍、文字，這樣的方式會受到各種條件的限制；之後，隨著社會的發展，人們逐漸掌握用聲音和圖片的方式來認識外界更多的事物；現如今，科技日新月異，用戶更喜歡看短小的影片，這是因為影片更加形象直觀。用戶透過影片可以看到更加真實的生活場景，而影片的發展也跟 4G 網路的發展密不可分。我們現在看到的各種歐美達人，多年前就已經在 YouTube 影片紅了。某影片網站平台 CEO 表示：「自媒體極有可能成為網路影片劃時代的全新內容形式。」

2・專業化

　　有的網紅明明可以靠臉吃飯，卻偏要靠才華。影片也許在簡陋的辦公室或者是家中場景切換，或一人分飾多角，然後透過精心策劃、剪輯發到各種社交網站。對於一般正妹，評論可能會讚揚「是個美女」、「很漂亮」，卻不一定能走紅。所以現在早已不是單 Po 幾張照片、買一些粉絲就能成為網紅的時代了。如今，戲劇學院的學生會面臨當明星還是網紅的兩條路，就目前情況來看，更多人更傾向於選擇當一名網紅。

　　從題材上來講，有些網紅會吐槽一些生活小事，用誇張的表演、惡搞式的語言、調侃嘲諷虛假的人與事，評論社會現象

或娛樂八卦等。這些影片對單身、春節返鄉、女人自損女人的吐槽，對於用戶來說也有非常明晰的定位！成為網紅只有並不是清一色的錐子臉，只靠拍照片，更需要內容創作類的網紅。

3·多平台化

現在內容的分發是多平台的，在每個平台上都可以獲得粉絲，一開始就可以入駐 Facebook、Instagram、Twitter、Youtube 等等。現在多平台的內容分發趨勢已經不可避免，對於內容創業者來說有更多機會成功，無須依賴單一平台，降低對平台的依賴程度，相反還可以獲得各個平台的推薦和扶持。如果你精力有限的話，做網紅現在最值得投入的平台還是 Youtube，這就不多做解釋了。

4·營收多元化

網紅這個詞不但不「高冷」，反而給人一種很草根的感覺，所以以前的品牌與網紅合作，因為認為與這些人扯在一起對品牌有傷害；現在不一樣了，有很多網路達人，本身就有很好的生活方式，自己也長得好看，品牌已經不會覺得跟網紅有關係是一種傷害。所以你只要有名，不一定非得賣東西，或者你也可以賣東西，也可以接代言，粉絲直接變現只是一種形式，網紅更多的變現還是品牌的植入、代言、廣告甚至未來拍電影、電視等。實際上，最熱門的網紅會有明星化的趨勢，而越是明星化，就越對粉絲直接變現要小心。畢竟電商也好，品牌也好都是專業的工作，一點處理不當就會得罪粉絲。對於人氣網紅來講，如果輕鬆獲得廣告收益，為什麼要直接粉絲

變現呢？

由優秀商家演變而成的各家網紅孵化公司，都能夠透過自身原有的在供應鏈端對接產品製造商的優勢，且在與小製造商談判時擁有比較強的議價能力。但是隨著網紅規模逐漸擴大，對供應鏈需求的擴大，會使得網紅經紀公司越來越難滿足上述對供應鏈反應速度的要求。某些網紅的網拍，評分都有不同程度下降，銷售額的急劇擴展之下，是用戶體驗的消耗，而對於粉絲經濟來說，損失客戶的成本極高。

所以給網紅的建議是：先要很紅，晚點再考慮變現事宜。越是急著變現，越無法成功。

3.2　時勢造網紅

近些年來，電子商務事業的迅猛發展，催生了產業鏈的發展，並產生了一系列全新的職業。在網路電商的高速發展下，網路模特產業如雨後春筍般湧現。網路模特 2.0 時代已經來臨。網拍網紅也隨著 2.0 時代的降臨悄然走紅。

行動網路的發展，給所有個體在社交網站上充分展示自己的機會，透過網路傳播，讓更多人認識和了解他們，這樣就讓更多的草根角色有逆襲的可能和機遇。一些漂亮、醜、個性十分鮮明的人們更容易被受眾所接受，也在社交網站、電商平台上締造了一個光鮮的世界。在那個世界裡面，可以談日常、談天氣、談心情、談昨晚的劇情，談喜歡的明星和綜藝節目，或談最近選購的新裝。

就這樣，一個個網紅憑藉自己的獨特個性和審美風格，在各個社交網站上受到廣大網友的追捧並迅速成長。而在這些網紅中，總有一名網紅的穿衣風格是你曾經認同，並且讓你不由自主模仿過的。網紅在做的事情，就是時尚的前沿，將審美輸出，提出自己的搭配意見，把自己的穿衣風格分享給大家，你就會把網紅看成一個意見領袖，並會持續關注此網紅的動態。因此，一個成功的網紅要有自己獨特的個性與鮮明的穿搭風格。

說到網拍網紅，不少人眼前會浮現出幾個膚白貌美、大眼長腿、名牌包包加身、永遠造型完美的時髦模特。她們無一例外集合了能讓大多數女生羨慕嫉妒恨的種種優點，而且竟然還賺大錢——按照一些小道消息，她們依靠著開網拍，早已經成了富翁，就算保守點說身家也是百萬元級的了。

與 1.0 網紅相比，這代網紅較少憑藉大膽言語和誇張形象出道，而更注重優質原創內容、主動推廣和粉絲互動。也正如此，具有相同價值觀和興趣的粉絲呈現爆炸式成長，完美實現了 2.0 版的升級，是什麼原因讓網紅發生實質變化？

1・資訊媒介奠定平台

一方面，社交媒體實現形式多元化，包括影片、圖文、音樂、直播；另一方面，每種社交平台可以實現內容專業化，即只圍繞美妝、讀書、健身等其中的一個領域深挖。如此，網紅通常個性鮮明或在某個領域具有專業才能，這些才能和個性吸引了眾多同質性粉絲，營造話題。例如，著名星座網紅唐綺陽可能會分享十二星座在戀愛中的不同缺點，吸引了大量「星座

控」網友，大家直呼「一針見血」。這也說明網紅因為在特定領域有專業性，從而更能精準實現產品引流，進行精準行銷。

2 · 商業模式助力變現

網紅催生「網紅經濟」，最關鍵動力在於流量帶來變現。大量事實表明，相較於傳統廣告的形式，電商化是一條比較理想的商業道路，基本邏輯是依靠自媒體的影響力實現品牌化，利用粉絲黏性進行電商銷售。

3 · 消費審美習慣變化

從 PC 端到行動裝置的跨越，也讓用戶的消費習慣與審美習慣產生了巨大變化。智慧型手機能讓我們隨時隨地獲取大量資訊，大家關注領域的不同就決定用戶需求各異，因此，用戶審美就愈發個性化，只代表一種態度和一種風格的網紅在市場上便有機可乘；另外，無線時代的資訊要想獲得更多關注，就必須更注重內容的強場景特點，讓粉絲產生感同身受的感覺。換句話來說，粉絲關注網路紅人，不單單是因為其講述的領域，其實更多的是因為對其內容，或者說是消費觀、價值觀的認同。某科技公司創始人說：「當網路的基礎建設日趨完善，以工具為核心連接人、資訊、服務的生意即將告一段落，人們不再滿足於以物質需要為基礎的服務，所以以內容為核心的新的連接方式誕生了。」

3.3 成為網紅的終極祕訣

3.3.1 誰將可能成為網紅

　　網紅模式是個人賦權時代的最佳商業模式之一，實力派網紅的概念，有一定的內涵功底、遠見韜略和意志信念，網紅經濟是個體內涵展現、娛樂藝術表演吸引下的一種「磁場經濟」，這是對網紅經濟的全新釋義。但是網紅經濟並不是每個人都能駕馭自如，到底誰才能真正在網紅經濟中掘到真金白銀，年收百萬、千萬，誰將有可能成為真正的網紅呢？

1‧大學生──知識和顏值兼備的網紅生力軍

　　年輕「八○後」、「九○後」學生群體伴隨網路的迅速風靡共同成長，甚至自一出生就浸泡於網路環境之中，校園生活之外，網路是消磨時間的最佳管道，必不可缺，他們有足夠的閑暇和精力沉溺於網路，使用網路學習、玩樂，學生群體成為網路新文化的絕對塑造者和追隨者。

　　網紅的興盛源於網路文化大環境的天然驅動，以「九○後」、「八○後」的學生群體為軸心，一種以興趣導向為核心，幽默、搞笑、呆萌的網路文化迅速流行，盡顯個性化和趣味化，網紅文化是網路新文化的一部分，學生最早接觸網紅文化，從小心懷追星夢，張揚個性，自我表現欲強，從個性需求上來講無疑成為網紅的首選。學生一般學習能力極強，對新生事物的理解和接受能力皆佳，因此在網路文化和知識上有足夠的儲備，對網紅的學習和操作最易進入狀態，有充足的時間和

精力磨練自己，在網路社交平台上張揚自我，從而最容易獲得成功。這是個看臉時代，學生群體之間時尚興盛，新潮流行，青春美麗的面孔，也必將為其定位網紅而加分，成為網紅流行的生力軍。

2・傳統電商人──親民的網紅後備力量

傳統電商人，尤其是自主研發產品的傳統電商人，首先對產品的研發、製造、目標人群、銷售管道都有足夠了解，明白整個產品從生產到消費者手中一條龍過程，從最根本的產品開始，掌控優勢，萬丈高樓平地而起，順勢而為，基礎已穩固。同樣在銷售經驗上，傳統電商模式對個人的經驗要求更高，在各種投資、推銷、拍攝、廣告、策劃、執行等等傳統商業模式千錘百鍊後，傳統電商人急需尋求一種一勞永逸的方式，挽回之前的超額成本，而網紅模式踏著彩雲而來，傳統電商如魚得水，一場酣暢淋漓的輕鬆讓其欣喜若狂。

網紅模式現在的根本瓶頸，是供應鏈問題，而這正是傳統電商的最大優勢，傳統電商借實體店產品生產、研發、供應鏈優勢，嫁接於網紅模式將是平地而起、順勢而為的絕佳機會，可以說傳統電商和網紅模式的結合，是電商指數級爆炸、引領流行的絕配。

3・新媒體人──操縱內容爆炸的網紅幕後力量

網紅的本質是內容引領流行，吸引消費者消費，商品自然供不應求。當下的新媒體人，包括自媒體、組織媒體等各類新形態媒體，都是新內容的創造者和引領者，內容是網紅電商模

式區別於所有傳統電商模式的根本，網紅模式透過內容表達、藝術表演來吸引受眾，網紅充當模特和演員來展示商品，實現傳統模式從未有過的搶購狂歡。

新媒體人本身是內容的製造者，擅長網紅模式的流行內容，洞察用戶的內容需求，善於捕捉焦點事件、風向趨勢、流行前沿，善於推敲文字，圖文海報搭配，影片如何才能傳播得廣泛，善於捕捉一切新媒體內容和營運的操作技巧，在內容的創造方面，新媒體人是風向標。

營運肯定也是網紅必不可缺的能力，僅僅依靠優質、吸引、流行的內容和表現方式，網紅模式依然達不到其本身的高度，如何營運，如何操縱粉絲的心理也必然是網紅模式的關鍵，而新媒體人恰恰具備此策略，營運網紅本身就是在營運一個藝術化的媒體，轉型網紅，新媒體人優勢明顯。

4．藝人——內涵和表演皆具的網紅

藝人最有可能成功轉型成網紅，在於藝人本身就是以一種娛樂化的藝術表演形式來吸引粉絲關注，藝人懂得以完全娛樂化的內容和才藝博得粉絲的強烈追捧，娛樂和藝術是精神世界的絕對高級需求，能夠使人的肉體和靈魂得到解放，得到歡愉，藝人本身從事的事業，就決定了其本身能夠獲得超出普通人的高度和光環。所以藝人轉型網紅，將以大於網紅的高度直接引領風騷。藝人既有本身對藝術才華的內涵和領悟，又兼具藝術表演的才華展示技巧，無疑成為內涵和表演皆具的準網紅，轉型網紅輕而易舉，只需要融入網路，利用網路的萬物相連進行才藝和表演的嫁接，融入產品的自然表演，產品供應鏈

的源頭操控，個人品牌無限放大的同時，變現價值指數級暴漲如指尖浮雲，利用網紅模式布局商業產業鏈，是最佳也是必然趨勢，藝人明星的商業趨勢是自傳統到網路，成功的網紅則需要從網路沉澱。

由此四大類人群定位網紅的全面闡釋，可見，網紅模式是一種內容引領、營運主導、顏值加分、融合產品、表演吸引、供應鏈完備的全新商業模式，缺一不可，誰能夠抓住這幾點來策略定位自身品牌，策略布局網紅模式，必將能夠抓住網紅經濟的趨勢。

3.3.2　成為網紅必備的綜合素養

如果你準備成為網紅的話，你的性格要有愛、性情要有光。因為善傳遞善，惡會催生惡，如果你自己都沒有足夠的力量變成一團火，或者沒有溫度包容對方的話，那對方為什麼會對你有所反應呢？

1・溫度

有一些詞彙，例如情懷、理想等，都是有溫度的表現，代表著這個人是否心中有火，激情不滅，是否可以影響人心。你說話方式可以調成三種模式，普通模式就是正常的說話方式，還有深情模式和激情模式。例如美國總統大選，就需要點亮所有人的心。

2・正能量

有一些所謂的網紅，其實是網黃，一切都很低級，這種做

法久而久之不能讓人心生敬意。如果你考慮跟產品產生關係，要考慮可持續性。換言之，溫度的部分要符合正能量。

3・態度

態度的部分要保持堅決或決絕性。因為「八〇後」已經成為市場主體，比如越成熟的人，就越明確這個世界上沒有什麼對錯，只是觀點跟角度的問題，也沒有什麼所謂成敗，只有收穫不同而已，人生就會開始多元交融，也可以叫做灰色。但是越年輕的態度決絕性越強，要嘛成為一個瘋子，要嘛成為一個傳奇，要嘛快點死，要嘛精彩活著，要有鮮明的態度。要知道，你的態度往往會成為價值觀的引領。例如 adidas 說的是「沒有不可能」，「沒有不可能」這種否定的態度，遠比「一切皆有可能」有態度決絕。什麼叫酷，什麼叫踐，你要開始考慮。

4・角度多元化

行動網路中跟原來有所不同，原來是階層的事，現在是每一層的事，換言之，整個人群是網狀交叉，你就不能只是一個角色，當然你有一個主幹的核心，你需要有多元化角度。特別重要的是有四塊，叫型、色、氣、質，你要自我修練，那麼如何做到角度多元化呢？

（1）型

型就是你的外型，你要嘗試用一下身體語言，手勢、姿態、擺拍，一個表情。因為身體語言會傳達資訊，你要注意有哪些姿勢是你可以嘗試，它變成一個標籤或者是符號，這個叫

型。你要考慮一個符號化的記憶點，成為在人物品牌中大家看到了就會聯想，不要指望你的臉有多強的識別度，多嘗試用手勢、符號化做一個記憶點，這跟做產品品牌的記憶點是一樣的。

（2）色

色是指顏值。我認為，這個世界最好的妝容其實是笑容，如果你嘗試綻放笑容，本身也能傳達相信、善良和陽光的意識。在色的部分有所表達，不完全是美顏相機，做得漂亮，就很好看了。

（3）氣

氣就是指說話，你要嘗試讓你的語言更有穿透力，很多人說話有兩個問題。一個是瑣碎，一個是渾濁，或者是合併音很多，這樣都不合適。如果在民眾面前講演，要在心理上給自己一個暗示，使自己顯得挺拔，也會讓你比較自信。

（4）質

質的部分是內涵，肚子裡沒有墨水不行。今天 IP（Intellectual Property）不是智慧財產權，而是可持續產生內容的能力，這是質。腹有詩書氣自華，每天都讀，每天都摘錄，每天學習。要保持速率，每天精進，假設你每天寫十條心得，如果寫不了十條心得，每天寫三條，每條一百多字，還含標點符號，一年就是十八萬字，夠出一兩本書了。

最後，我們把型、色、氣、質綜合起來看，是為了要塑造一個角色，同時這個角色獨木不成林，除了自己的角色，在跟

別人互動的時候你扮演什麼樣的角色也很重要。有些時候，比如說跟女人溝通不能忽略她的情緒，跟男人溝通不能忽視他的自尊，跟老人溝通不要忘記他的經歷，跟夥伴溝通盡可能陪襯對方的特點，要形成多元的角色關係，不完全以自己為中心。

如果有溫度、有態度、有角度，勢必你就要有多元化的角色。第一你要成為網紅之路的布局怎麼安排？第二是角色，第三是成功、第四是努力工作，角色部分要考慮多元化，你既要有一個敏感的靈魂，也要有一大條的神經；既要有深沉的想法，也要有十足的趣味，所以你不能只扮演一個角色。

3.3.3　如何做好內容

網紅最終還是要回歸到產品，要在產品、人格中間組合。這個過程中，怎麼出現內容呢？就是你寫出的文字、做出的影片怎麼能夠產生共鳴，有再傳播的效果呢？有一個正三角形，它是生活本身，是什麼樣的生活，然後是人物和產品；倒三角形就是情感、故事和體驗。這是你做內容行銷中所需要注意的幾個點。比如說如果國定假日的時候，在情感上和情境上發力，如果講人物的時候要在故事中做出帶入感。如產品和人物之間要做到有體驗。什麼是體驗呢？你要盡可能用感觀力量，製造他想要得到的答案，而不是你告訴他，所以會涉及場景行銷，會有帶入感、畫面感，他就會覺得：我自己的觀點是這樣。當然，這個觀點其實是被你設計出來的。

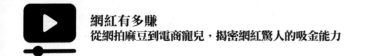

3.3.4　如何做一個成功的網紅

1．人格化

　　以我的經驗來看，只有當自媒體有比較強烈的人格化特徵，大家才會覺得你不是一台機器、不是一個利益團體，而是一個有血有肉的人的時候，才有可能對你產生比較強烈的喜愛。除了他們之外，很難找一個跟他們相似的自媒體可以複製同樣的內容。內容是大量的，只有透過人格化塑造才能使它變得獨一無二，如果只是做內容的整理搬運，別人很難對你產生依賴感，很難產生親近的感覺，尤其是新來的粉絲。

2．高黏度

　　剛剛說的第一個衡量標準是人格化，我們要說的第二個標準是高黏度，如果一個自媒體的粉絲對他的黏度非常非常高的話，讓他成為網紅的機率就會非常大。活躍量和高黏度的數據，是判斷一個自媒體紅不紅的重要依據。

　　那如何判斷是否有高黏度？例如文章的點閱率，你發出去十分鐘有多少人點閱你的文章，假如有十萬粉絲，你發一篇文章之後，是有一萬人閱讀呢？還是有五千人閱讀？這是完全不同的數據量，它反映出來的東西，遠遠多於你的粉絲量所反映出來的問題，你的粉絲量其實並不是很重要，關注你的人是否願意打開、每天打開你的文章，才是真正重要的東西。所以即使有一個百萬粉絲的行銷帳號，但每篇內容的點閱量很一般，那這樣其實沒有任何意義。你能把內容經營得大家每天都想看，才是一個高黏度的特徵，這對自媒體來說非常非常重要。

如今資訊越來越飽和，想保持高黏度就越來越難了，粉絲很忙，關注的東西很多，他們為什麼會看你呢？這就是一個很大的難題，我想在 Youtube 上也存在著同樣的問題，就是粉絲有那麼多內容可看，為什麼要看你的呢？

3・高互動

第三個判斷的標準，就是看它是否有大量的互動，這裡指的是高互動，不同的品牌都有不同的互動機制，留言、轉發、按讚，透過後台數據更新，你可以更清晰了解到用戶看完這篇文章做出了哪些動作，而這些數據都很有價值。我個人覺得，互動越高的媒體，它在粉絲心目中的地位可能就越重要。

包括 Instagram 上的網紅，大家怎麼說這個人是網紅呢？按愛心、評論都非常非常多，一般就可以稱為網紅，動不動就是幾千甚至上萬的按愛心。那種粉絲營運得比較好的帳號，粉絲喜歡在評論區談天說地，而不是一味讚賞，在這樣的一個環境中，其實就營造了一個比較好的粉絲互動環境，粉絲品質也會比較高。

4・用戶存在感

最後一個就是用戶存在感，只有你充分注重粉絲的感受然後讓用戶有足夠展現的機會，他們才會對你有持久的興趣，因為你一個人每天在自說自話，或者打扮得很漂亮，對粉絲的吸引力不夠強，而當你能夠把自己的個性營造成社群，讓你的粉絲覺得我關注的不是一個人，而是一群有共同愛好的人在一起時，就是一個較好存在感的體現。

　　給用戶存在感的方法非常非常多，比如拋出一個話題，說你做過什麼最讓另一半感動的事情？然後評論區就會有上千條留言說是怎麼樣怎麼樣，然後大家在評論區玩得很嗨，不斷按讚，有熱門回覆，在裡面講故事等等。粉絲一開始會關注網紅說什麼，但後來更愛看評論區的留言，因為他們的留言真的很精彩，每個用戶本身就是一個很棒的資訊傳輸口，把他們的聰明才智發揮，對一個帳號的益處非常大。而且當用戶在留言找到存在感之後，他與你的依賴性會越來越強。而這也是很多網紅會建 LINE 群，還有創立粉絲團，以及舉辦活動的原因，甚至賣東西，其實都是一個讓粉絲有存在感的方法，會讓粉絲覺得跟網紅距離更近。

3.3.5　如何讓粉絲對你感興趣

　　首先在網路上註冊了一個帳號之後，經過反覆嘗試，當你知道自己擅長什麼、不擅長什麼的時候，就應該專注一個領域，持續生產優質的內容。垂直、持續還有優質這三個因素都不可或缺，如果你不垂直，今天發這個，明天發那個，別人會不知道這個帳號的核心。

　　其次是要持續，例如你寫一篇文章或錄了一段影片，引發了一個很廣大的傳播。

　　最後一個就是優質內容了，內容人人都能產生，尤其是原創內容，很多人覺得一定要堅持原創，或者大多數鼓勵原創，但如果你整天原創一些很無聊的內容，那原創還有什麼意義？你要在原創的同時磨練自己，探索用戶到底喜歡什麼東西，拿

捏傳播的規律，然後保證自己的內容能夠越來越好。寫文章相當於你做一個產品，或者你錄一段影片，這些內容就是你最核心的產品，你要不停優化，產品才能賣得出去，你的買家就是你的粉絲。

如何生產優質的內容，這個根源就在於你對這個領域是否熱愛，如果你夠熱愛的話，你真的會反覆修改內容，比如說你真的很愛自拍，那你一定會反覆利用濾鏡、磨皮，然後找不同的姿勢，一天自拍幾百張，然後最後只選出一張好看的發文，這是對美的一種熱愛。當你足夠熱愛所在的領域的時候，你會很願意為它投入很多的精力和時間，為粉絲產生很多夠優質的產品。

但是只要熱愛就夠了嗎？不同的人熱愛不同的東西，有些熱愛非常大眾，有些熱愛非常小眾，有些人愛好書法，愛好篆刻，愛好研究昆蟲，而你可能愛自拍，愛時尚，愛美食，愛旅遊，或者喜歡財經類的東西，或者是一個炒股專家，這些人受眾都非常廣，而且需求也都非常強烈，要盡量將自己的興趣和人群真正想要的東西結合，這就是洞察力，你透過前期的嘗試，洞察你的用戶究竟想要的是什麼？你能夠給他們提供的東西，和你的同行有什麼區別？慢慢的，你就會變得非常不一樣，具有不可替代性，只有你在市場裡變得不可複製的時候，你才有很高的價值。在這個人人都想當網紅的時代，沒有必要模仿別人，做自己就好，但同時你也要洞察用戶想要的。

除了熱愛和洞察之外，接下來要說的就是團隊了，如果你有一個比較完備的團隊或者比較有市場經驗，每一個人都能獨

當一面的話，你們在競爭的時候就會比較順利。很多網紅都是年輕人，沒有什麼經驗也沒有什麼人脈資源，在團隊上都會薄弱一些，所以要多參加一些活動，多學習和交流。

3.3.6　網紅竄紅的法寶

「網紅」要紅必然離不開三個法寶：第一，他生產的傳播內容；第二，他的用戶是誰，或者誰喜歡他，並「捧」紅（目標對象）；第三，他抓住了哪些管道分享內容，他的內容透過怎樣的傳播途徑，達到廣大傳播（工具途徑）。

1・傳播內容：多屬於治癒系網路文化產品

整體上看網紅的作品會發現，他們的內容有以下幾種風格：呆萌風格、不羈風格、奇葩風格、搞笑風格、犀利風格、無厘頭風格等等，或許美上天，也或許醜到家……內容類型也多是輕鬆類、搞笑類、娛樂類、社會焦點類。

為什麼這樣的網紅作品能比較快「脫穎而出」呢？

今天，我們已經到了一個物質非常豐富、資訊非常飽和、節奏急劇加快、技術更新迅速的時代，今天的技術或產品到明天就可能會過時，焦慮感很高，知識迭代超級迅速……生活在網路時代的我們，需要有一些情緒出口。能夠讓大眾在某個時間段共同爆發的「釋放式」或「治癒系」文化產品，便極有可能成為焦點現象，備受人們討論和關注。焦點更替很頻繁，在一波波焦點出現後，你真的會發現，每一個焦點都有全民娛樂的潛質，並且也有極強的「治癒」效果。當大眾集中消費一個共同的焦點時，他們會達到一種集體興奮的狀態，直到下一個

焦點到來。這種焦點波浪現象，已經成為當前社交媒體環境中的一大現象和亮點。並且，如今在社交媒體上，資訊閱讀已經明顯分層。這些分層並不一定是社會地位，而是資訊需求口味已經分層。那些搞笑、情感、輕鬆娛樂的內容擁有非常多的粉絲，而這個層次的用戶數量也非常大，他們不喜歡嚴肅話題，對網路上傳播的內容也不會深思，他們只是透過這些內容得到了精神的釋放，有了快樂或者有了共鳴，也很容易引起分享欲和傳播。當這些內容越來越紅時，就會形成滾雪球效應，直到「全民狂歡」達到共同精神釋放。資訊鏈在其中很快打開，並迅速向周圍網狀式擴展。所以，輕鬆娛樂型資訊或內容會更容易走紅，傳播量通常也會暴增。當然，我們不能想當然靠閱讀量或傳播的數量，判斷內容的價值。

2・目標對象：社交網路上的年輕人

　　許多網紅都是「八〇後」，他們活躍在各種垂直類社交媒體平台或者二次元社交產品平台上，他們的語言可能對於「五〇後」、「六〇後」來說已經無法看懂。當這些網紅們用一種「傲嬌」、「無厘頭」、「呆萌」、「我就是我」的表達方式來展現自己時，他們便獲得了這些年輕人的追捧，並且年輕人也最能解讀他們在作品中所表現的想法，最能理解和接受他們的奇異獨特的方式，也最能 get 到年輕人的興奮點。

　　這些網紅作品在最初階段能累積大批「八〇後」用戶群體的支持，從而提升了曝光和傳播力度，隨著曝光和傳播的進一步加大，再擴展到其他人群，引起更大範圍的網路傳播。並且，現在很多創業型垂直社交產品，越來越想定位在「八〇

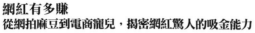

後」年輕人或者更年輕的人群（「九〇後」）身上，很多產品本身來說就是一個二次元社交圈子。這些垂直社交產品就像一個個蜂巢，有一定的運行規則，每個蜂巢裡都聚集著類似興趣、愛好、需求的年輕人圈子。蜂巢鼓勵年輕人不停把資訊、作品、觀點想法等輸入，又會把內部優秀的作品或資訊分享出去。資訊輸入和輸出的流動性越高，就意味著這個社交媒體平台的分享頻率和分享慾望越高，那這個平台圈子對年輕人的黏性就越大。而要討好這群擁有獨特想法的、挑剔的年輕人會越發不容易——網紅門檻將會越來越高。

3‧傳播途徑：從好內容分享到更大範圍傳播

如上面所說，網紅在某一個垂直社交平台上生產了好內容，也在這個平台所屬的圈子裡圈住了一定量的粉絲，但這只能說明，他（她）走出了第一步，只在這個平台的芸芸眾生中脫穎出來，但這不足以讓這個網紅紅遍南北。所以，這個時候傳播管道、途徑就顯得十分重要。

在今天的社交媒體時代，內容仍然很重要，但是內容要形成影響力的話，管道分發能力就更加重要，管道分發能力越強，引起整個網路大範圍傳播的機率就越高。以前，一條新聞內容可能經過幾大入口網站的報導和互相轉載，就能夠在整個網友中掀起波浪，就像曾經電視媒體能夠做到的那樣；但是，今天的用戶已經越來越細分、越來越分散，並活躍在不同的垂直社交平台圈子裡，並且這在年輕人群體中體現得更加明顯。再加上不同的媒介如今都在修建自己的地盤，都希望將流量圈住，形成自家平台圈子的完整生態鏈。所以除去平台和平台之

間的定位、功能的差別之外，平台為了自身發展，也並不會有太多意願互通資訊。所以，一條好內容單單在一個媒介平台上，只能影響到這個平台圈子裡的人，除非你的內容能夠使這個圈子裡的人向外傳播到大眾社交媒體上，才有可能更廣泛傳播。當然，這裡說的是「可能」，但這個可能性單單依靠一個平台的話，就會小很多。如果一條內容，能夠同時分發到不同的垂直社交平台，透過這種方式引起更大範圍、不同特點用戶的關注，那麼聯動式的傳播就更可能會形成。當然，這裡的邏輯是可能性或機率更高，而不是說，只要你在所有管道分發了，就一定能紅。

有的網紅看似一夜爆紅，但許多網紅其實在紅之前，也經歷了一定時間的醞釀期。就像上面說到的，一開始在某些社交平台上累積粉絲，小範圍傳播，小量曝光。然後他們經過不斷內容生產，吸引更多的年輕人粉絲，擴大第一批種子粉絲。當在各平台的種子粉絲達到一定量的時候，更大面積範圍的分裂式、網狀傳播才會形成。由「好內容」多分享——吸引更多關注——引發傳播點——再到更大範圍傳播的過程。

在這個途徑中，像 Facebook、Instagram 這樣的大眾社交媒體的作用最重要。但是，在這些資訊大量的平台上要紅起來的成本太高了，一個是時間成本，另一個是對傳播點的要求越來越高。人們已經看慣了各種焦點事件，已經適應了各種刺激，當你想引起 Facebook 或 Instagram 爆發式傳播，就必須要在內容上更加努力、更加具有新意、更加具有傳播效應的點。

因此，未來隨著面向年輕人的垂直社交平台的進一步成熟

化，可能網紅鏈和網紅經濟也會更加成熟。他們的傳播工具或管道一定是全覆蓋的，這樣才會有更多可能性存在。而在傳播途徑上看，先在某些垂直社交平台上建立名氣，不斷累積能量和聲望，最後在大社交媒體平台才可能會引起全網傳播。當然，未來對於是不是全民都知道的「網紅」可能已經不重要，重要的是，他們在這些平台上非常突出，並且後續有很多延伸產品來發展事業。

3.3.7 如何打造行銷網紅

1‧善於打造自身個性化形象

除了日常更新一些自己的生活狀態，網紅更願意向網友們分享自己的生活日常、穿著打扮、品嚐美食、旅行故事，來營造出某種具有固定個人色彩的生活方式，營造出一個令人神往的生活狀態，這種生活狀態可以有共性：膚白、貌美、多金。但更多的是要有自己的個性，講究差異化塑造，找到適合自己的風格。比如更受學生歡迎的清純路線，或者是上班族更容易接受的御姐路線。

2‧善於尋找話題、推廣賺取人脈

網路模特與從前的時裝模特相比，時裝模特對模特身材的要求比較苛刻，時裝模特的身高、三圍比例有一個相對統一的標準，而網路模特只要顏值高，穿衣好看就可以，現在一個優秀的電商模特，除了需要顏值高，穿衣美，更需要擁有一定數量的粉絲，有一定的知名度來做支撐，並且需要具有一定網路

商業運作的思維。

那麼，為什麼很多電商模特並不能成為網紅呢？究其原因，就是不知道如何尋找話題，和有話題可炒作後不知如何推廣。話題的尋找沒有固定的規律，一條規律都能滿足大多數，都能引起人們的好奇，並且擴散指數特別高。現在，一個人單靠自己的力量做推廣很難，推廣的好、傳播速度快，一般都需要團隊合作，透過各個團隊的不斷包裝、傳播、擴散，短時間內爆發，在這個拜金的社會，做推廣不是一蹴而就，而要不斷努力進步。

3 · 重視粉絲社群經營與情感互動

每天利用大量時間來經營和回覆社交平台上的粉絲，用高頻率互動縮短和粉絲之間的距離感，建立信任感。頻繁與粉絲互動交流，用詞友善且不失親昵，雖然置身於網路世界又不至於讓粉絲感覺虛假。比起明星，網紅更像是個普通人，更具親和力，更能和粉絲形成情感共鳴，特別是隨著社交媒體的興起，粉絲有情感交流的需求。日積月累，粉絲群不斷壯大，變現看上去水到渠成，也自然不愁產品的銷量了。

4 · 以社交媒體平台為主要陣地

有網紅助理稱，網紅店每次上新款的第一天和第二天，後台客服和倉庫出貨的工作人員都會累瘋，因為每一款上萬件的新款全是被「秒殺」的節奏，可見社交平台的巨大威力和巨額流量帶動。

5．努力提高自身綜合素養

網紅表面上雖然光鮮亮麗，但背後要付出很多，也非常辛苦。想要真正成為網紅僅僅依靠顏值、話題、粉絲與媒體這些還不夠，更重要的是靠自身的努力。

十九歲，按常規的人生走法，大概正是學測前後，不過小瑜（化名）選擇了不一樣的走法，今年十九歲的她已經簽約了一家針對網路藝人的經紀公司，並且一簽就是八年，幾乎把人生最美好的年輕時光鎖定在了一個地方。不過，她似乎更著眼於當下，怎麼樣才能讓自己達到成為網路紅人的標準。半年前，當時還未入行的小瑜成了公司旗下一位已經頗具名氣的紅人的粉絲。幾乎沒有多想，在看到「紅人」歸屬的這家公司後便慕名而來，結果便簽下了這紙八年的合約。當然，簽約並不代表就能成網路紅人，半年時間裡她所付出的辛苦並不亞於同齡人在學業上的付出，甚至更多。單親家庭的小瑜是一張白紙，一切從頭開始，學習必要的舞蹈、聲樂和表演課程，還要完成公司安排的平面、微電影拍攝。茫然入行的她選擇了堅持，在公司的每月考核中，她總是能取得不錯的成績。

半年後，她已經對這行有了自己的認識——表面上雖然光鮮亮麗，但背後要付出很多，也非常辛苦。有人問她是否曾想過放棄，畢竟還年輕，她卻反問，年輕的時候辛苦點不正值得嗎？相對於讀書，小瑜認為現在的工作正是自己喜歡的事，所以沒繼續讀書也並沒有什麼遺憾。並且當一名準網紅也讓她自己覺得有成長，工作的壓力，以及直播中遇上語言暴力，在她看來都有著催化劑般的作用。

　　而公司中情況和小瑜類似的並不在少數，在藝人真正成長為有知名度的網紅前，公司並不會把資源太偏向於某個人，所有人都接受同樣的培訓，並在規則下考核，如果不努力可能就會被淘汰。

　　網紅的世界裡，並不缺少長得好看、才藝多樣的人，不過現如今缺少這方面條件，大多只能用觸碰底線的手段。在藝人經紀體系下，像小瑜一樣能表現出差異化的方面的人並不多，個人風格作品、Instagram、影片直播等，是其為數不多能在同質化網紅中脫穎而出的方面。

3.3.8　網紅如何長紅

　　在「粉絲經濟」、「顏值經濟」、「紅人經濟」遍地開花的今天，許多網友討論這種商業模式的合理性，「網紅」是熱門詞彙。「網紅」是近幾年興起的新角色，利用網紅來「拚經濟」，更是近年才逐漸形成的一種新興商業模式。因此，網紅經濟到底應當如何發展，尚未有定論。在許多網友享受著網路帶來的免費、優質的內容的同時，如何將其「變現」，也是網紅本身及資本市場最為關注的問題，而大多數人並不看好網紅能持久，如果真要為網紅獻上拙計，網紅該如何長盛不衰？

　　首先，內容要專業化。自媒體大批問世後，湧入了各個領域的專家，更多的細分產業專家進入市場，分享專業知識。同時在原有的領域裡也會出現更細分的專業和獨特視角，帶來原創的內容。可見，專業性內容的價值正在慢慢上升，網紅也分各大領域，想要往上爬，並且活得久，專業性的內容生產必不

可少，所以專業的內容團隊，必定會是網紅經濟的標準配備。

網紅的走紅，依賴於特定的粉絲群體，粉絲的黏性、忠誠度、轉化度都需要因人而異。獲取大量粉絲的基礎是穩定的、優質的內容生產，如果創作能力下降了，那麼對於自己和投資人來說，就存在一定投資風險。

加強個性化色彩，其實也就是堅持走差異化道路。網紅之所以紅，很大的成分是因為其某一個點出眾，從而在萬人當中脫穎而出。未來的舞台屬於高品質與奇葩的人，因為他們總是讓人眼前一亮，網紅要持續抓人眼球，自身特色不能消失。

想生存和賺錢，變現管道要圓滿。網紅利用流量變現的方式也越來越多，除了常見的廣告業配文植入收入，網紅經濟電商收入、贊助，現在還可以透過出書、會員制等，用資訊、知識來變現。能想到更創意變現方式的平台，就能激勵更好的內容和更好的營運。網紅就如同於一個微型電商、微型品牌、微型社區、微型產品，擁有推廣管道、內容、產品、銷售途徑，等同於完成了一個行銷閉環。

網紅對接了變現管道，就等同於一家創業公司，網紅能夠站住腳的機率很高，因為前期除了內容，並不需要有太大的資金投入，有了流量、粉絲和黏性以後再變現，是一個更好的辦法。而擁有流量、粉絲和黏性的前提，就是要有高品質內容，高品質內容的前提就是要有趣。

此外，網紅的「隊友」也很重要，如果是一個人在進行內容創作，那麼很可能「江郎才盡」，而如果是一個團隊的力量，生命力則相對長久。同時，團隊裡深諳「網紅經濟」的高

手，則會為網紅選擇適合、順利的商業化之路，比如利用哪些
形式變現、切入哪些品類、怎麼切，或者自創品牌後，自創品
牌的定位、商品的品質、特殊性，這都取決於團隊運作能力。

網紅有多賺
從網拍麻豆到電商寵兒，揭密網紅驚人的吸金能力

第 4 章

做網紅背後的經紀人

4.1　網路策劃師

4.1.1　什麼是網路策劃師

　　網路策劃師，又稱網路推手，是指借助網路媒介策劃、實施並推動特定對象，使之產生影響力和知名度的人，是懂得網路推廣並能應用的人，其推廣的對象包括企業、產品和人。

4.1.2　網路策劃師特徵

(1)　通曉網路操作規則。

(2)　熟諳大眾接受心理。

(3)　手握八方可用資源。

4.1.3　行業準則

　　網路策劃師產業有明確的自律規範，大部分人有著明確的工作原則──「不作惡」：

(1)　不做有損政府及人民利益的行為推廣；

(2)　不採取非正當手段替客戶打擊競爭者；

(3)　不做行業內負面消息。

　　簡單說，有兩個規則：牽扯到權益類的不接，牽扯到政府、國企、大型企業之間矛盾的不接。

4.1.4　行業格局

　　網路策劃師產業發展迅速，廣告公司和網路公司紛紛進入

該產業。於是根據出身不同，有人把網路策劃師按照「江湖類別」分為三派：

（1）策劃師派。又稱為草根派，其特點是對網路環境非常熟悉，深諳網友心理，自身往往是網路資深的意見領袖，善於左右網路輿論，靠創意取勝。

（2）廣告派。傳統廣告和公關出身，相對草根派更能整合媒體資源，並有專業的推廣人才。缺點是在對網路的熟悉和推動網路輿論方面大大弱於草根派。

（3）技術派。此派多為此前的網路推廣公司出身，半路進入網路策劃師行業。善於利用軟體推廣，推崇技術和經驗在推廣中的作用。此派數量眾多，但是在業內少有出類拔萃者。

4.1.5　推廣方法

(1)　企業品牌網路宣傳推廣。

(2)　產品網路宣傳推廣。

(3)　事件的炒作與宣傳。

(4)　上市公司品牌美譽度維護。

(5)　世界五百強網路口碑行銷。

(6)　企業網路聲譽管理。

(7)　企業（產品）危機公關。

(8)　城市品牌策劃與推廣。

(9)　網路活動策劃與推廣。

(10)　量販式網路推廣。

4.1.6　如何成為網路策劃師

透過網路新聞、論壇、部落格、搜索引擎、影片及平面媒體整體推廣，網路公關與傳統公關並駕齊驅。製作相關的策劃，團隊執行，引導輿論，從而達到推出新人或者企業產品的目的。

想成為網路策劃師，你可以這麼操作：炒作的大致思路是，先發現有爭議的人物，聯繫上對方並達成合作意願後展開形象推廣，再找知名寫手發表有爭議性話題的文章，吸引更多網友參戰；當把話題「養」到差不多成熟時，就聯絡網站編輯、論壇版主製作專題，在數家大型網站上推廣；之後會吸引眾多傳統媒體紛紛跟進，為他們推波助瀾。

在炒作過程中，必須要保持適度的正反觀點互駁，才能引起網友自發發文、留言。對批判言論較多的負面人物，就會組織一些寫手，寫些正面的文章，聲援一下他，轉換一下話題，同時刪除一些攻擊性言論；而受追捧較多的，「會找點人來罵罵他」。讓雙方形成一種相持局面，然後在你來我往中持續製造焦點話題，延續人物的曝光率。

一個完整的炒作過程由幾類人參與：被炒者、策劃者、發布者（寫手、網路編輯或社區版主）、傳統媒體和網友。其中，唯有普通網友被蒙在鼓裡。網路編輯和版主則是左右被炒作者曝光率的關鍵力量。

網路編輯透過首頁推薦、製作專題，網路版主設為精選、置頂、將標題飄色，就可以幫助網站社區炒作「提升流量、提升排名」。然後，傳統媒體的接棒又將被炒者的網路關注轉移

到現實生活當中，成為普通老百姓在街頭巷尾的話題。緊隨而來的就是現實的經濟效益——廣告代言費和出場費。

在捧紅一個人後，策劃人有多種收益模式：一種是成為紅人的經紀人，從其收入中直接分成，每次從簽約合約中抽取包裝費。據知情者說，一般的抽成比例 7：3 或 5：5，策劃人拿最多。整個包裝過程，網站和版主一般分不到任何費用，除非事先談好，個別網站也可從中抽取二成。還有直接將作品（包括紅人）整體轉賣給專業演藝公司，一次性獲得一筆收入。或者成名後結束合作，這種結果，雖然策劃人並未直接從被炒作人處獲取推廣費等收入，但自己成名了，間接收入隨之而來。

隨著網路策劃師業務擴展到了傳統企業，新的社區行銷概念也就應運而生。所謂社區行銷，是指透過包括論壇、討論組、部落格等形式在內的網路交流空間，展開的一種服務於企業的新興行銷方式。

從事網路社區行銷的公司，它們存在的形式包括傳統公關公司、廣告公司、網路公關公司、網站社區等，專門為企業提供創意、事件行銷、病毒式行銷、網路危機公關等服務。有的規模還不足四五人，而規模較大的公司下面還涉及幾十家各種供應商。

4.1.7　網路策劃師必備八大素養

（1）業配文行銷。業配文行銷是網路策劃師的推廣法寶，也是軟廣告的精髓和核心部分。如今，廣告已經慢慢不被人們接受。近幾年，軟廣告和事件炒作所迸發出來的力量讓人們驚

嘆。一樁樁事件打造出來一個個品牌，和很多人明白了一個道理：如今，首要做的不是想好賣什麼，而是先想好怎麼去炒作一個品牌，每一個策劃師心理都要有一個概念，就是怎麼樣去結合大背景成功的炒作，包括新聞炒作和論壇門戶炒作；第二就是什麼樣的產業適合什麼樣的業配文行銷，什麼樣的業配文創作最能應和消費者的心理，取得良好的廣告效果。

（2）互動行銷。互動行銷的概念源自於論壇業配文行銷，在一片廣告業配文中怎麼去引導網友參與討論，而不是嫌棄廣告後逃之夭夭。論壇業配文的寫作要有吸引人的點，還要有可以讓人回味的內容，以及讓網友爭議的話題，策劃師在從中要旁敲側擊，煽風點火，以至於讓矛盾最大化。這個矛盾最大化，不是讓別人針對品牌主體評價好與壞，而是透過爭議品牌主題相關的話題，讓人們深刻的記住這個品牌。

（3）網站策劃。很多網路策劃師認為，網站策劃是技術工程師的事情，跟自己無關。其實則不然，網站策劃首先應該是一個品牌想借助網路平台做行銷的第一步，是廣大網友接觸企業品牌的一個窗口。無論一個明星還是一個產品給消費者，第一印象很重要，如果第一印象好，他可能會成為你一輩子的忠實粉絲。所以，網路策劃師一定要懂得網站策劃，包括網站的結構、布局、美工、內容、網站的推廣、網站的流量排名、網站打開的速度快慢等等因素都要考慮。一個成功的網路策劃師，一定可以陪著一個品牌共同成長，包括網路行銷的所有步驟和程序都要了解，並且給予很好的建議，甚至傳統媒體廣告和推廣等等模式，都要深入探討。

（4）SEO（搜尋引擎最佳化）以及搜索引擎推廣。網路世界裡基本所有產業的所有網站，都跟搜索引擎脫離不了關係，都受到搜索引擎的制約，這源於人們對搜索引擎的依賴。網路策劃師一定要熟知 SEO 技術和推廣的流程、價格、效果，關鍵字的選擇以及效果評估。

（5）網路行銷。網路行銷的範圍很廣很大，不過分類看來也是比較容易理解的。網路行銷可以稱之為網路資源整合推廣的手段及借助網路平台的行銷行為。總體上按照行銷手段的不同可以劃分為：軟廣告行銷和廣告行銷。軟廣告行銷又分為：新聞行銷、論壇門戶行銷、聊天工具行銷、郵件行銷、部落格行銷、社區行銷。廣告主要的推廣方式是：在各行各業網站和入口網站透過圖片、文字和影片的方式，進行廣告的投放，也包括網站彈出式視窗、聊天工具彈出式視窗和介面等方式的廣告。一般來講，廣告的閱讀對於消費者是一種被動行為，有時候也是一種被強迫性閱讀，容易讓消費者產生厭惡，而且很多廣告的投放都有垃圾廣告的性質。軟廣告也有缺點，很多時候容易對網友產生誤導，透過標題、虛假事件等等方式促成廣告資訊的傳遞，容易讓人產生上當受騙的感覺。所以業配文推廣的時候，一定要注意文章和圖片的趣味性和價值，要讓網友閱讀起來覺得有價值，即使識破這是廣告，也要感嘆此軟廣告做的巧妙唯美。

（6）危機公關。每一個品牌都要做好危機公關的準備，所謂輿情監控，就是透過網路管道時刻注重自己品牌的口碑美譽度，時刻掌握輿論和媒體對品牌的各種評論。負面消息可以存在，但是不能讓其發展成不可掌控的局面。當初，某論壇一篇

有關「豐田汽車車禍被撞爛」的貼文，為豐田汽車帶來了巨大的損失，口碑傳播之快，不到半年，所有汽車用戶和汽車潛在客戶都知道豐田汽車是多麼脆弱。如果當初第一時間發現這篇貼文，能有效控制它蔓延，聯繫當事人和論壇編輯管理員暫時封鎖貼文，並與當事人一起探究事情的真實度和事情的經過以及發文者的初衷等等，也許事情就不會發展到後來的階段。

（7）網路策劃。網路策劃師的主要工作，網路策劃師想要了解網路就先要了解自己。先要規劃自己怎麼發展，知道自己每天要學什麼，要了解什麼。首先，新聞是網路策劃師每天必須要關注的事情，新聞媒體本身就跟網路推廣有關，經常關注一些新聞事件，媒體行業事件，不斷的把握網路、媒體的走向和當今社會的形式；第二，要不斷學習網路技術、市場行銷知識、心理學知識、經濟學知識。這些都是網路策劃師必備的專業知識和技巧，如果你想跟大企業、大品牌合作的話，網路策劃師公司至少應該保證自己的團隊中八成以上的成員，要具有大學以上學歷；第三，公關技巧。公關技巧面對的方向有兩個，一個是客戶，一個就是廣大消費者。首先你自己應該是以及誇下海口，最基本的你要能把你做什麼說清楚，能告訴客戶你能為他們帶來什麼、效果怎麼樣。

（8）長期的策略思想和耐心。網路行銷有時候有滯後性，比如業配文推廣。資訊的接受＋好奇心＋多方面考核才構成消費行為的動機，並不是你廣告投放了，立刻就會帶來收益和交易。所以每一個網路策劃師在推廣一個產品的時候要有長遠的計畫，你要明確你的短期、中期、長期推廣會為客戶帶來什麼樣的效果，區別在哪裡。品牌的打造是一個長期行為，歷史

上很多品牌都是經過數十年上百年的累積沉澱下來的，而我們要怎麼樣才能加速這個過程。品牌的打造不在於一時的炒作，而是一個長久的計畫。雖然厲害的炒作確實可以達到透過短期的時間達到長期的目的，但一個品牌要想有長遠的目標，必須牢牢把握四個步驟：品牌炒作＋品質優良＋口碑行銷＋輿情監控。

4.2　網紅「孵化器」如何營運網紅模式

4.2.1　什麼是網紅「孵化」公司

網紅「孵化」公司是泛指透過大量簽約網路紅人，進行粉絲經濟行銷，並主要負責客服、營運、物流倉儲、產品品質、生產開發、售後流程等各方面流程的公司。

在網紅孵化公司，網紅負責和粉絲溝通、推薦產品，孵化公司則將精力集中在網拍日常營運和供應鏈建設以及設計上。由於資本的介入，網紅也從單打獨鬥逐漸變得規模化，甚至開始形成一條網紅營運的流水線，從入駐孵化器發展，到後期大數據分析，以及僱用專業的營運團隊等。公司化的運作讓一些新晉網紅的粉絲群體迅速擴張，網拍存在的供應鏈問題也得到了一些改善。

4.2.2　培育「網紅模式」

網紅模式：泛指網路紅人、明星名人利用自己的人氣借用

電商平台，行銷商品的模式，主要表現在女裝類的運作當中。

電商做久了，人們都見過這樣一種網拍：一家很普通的網拍，某一天銷量突然大增，如果是真實銷量的話，這很可能就是紅人店。網紅模式的最大特點就是爆發力特別強，借用紅人的名氣在 Facebook、Instagram、Youtube 等平台發布對產品的推薦資訊，達到最大的曝光量，吸引潛在顧客購買。熱賣款模式的銷量波動呈現的是山峰狀，分為上升期、峰值期、下滑期三部分。而網紅模式的普遍銷量波動呈現的是下滑的坡狀，主要就是靠第一天的爆發，把商品銷量推到最高峰，之後就開始快速下滑，根據峰值高低不同，銷量在幾週之內降至個位數。

網紅模式中的四角關係：網紅本人、營運團隊、粉絲、平台。

第一，網紅本人。透過什麼方式驗證這個網紅好與不好呢？

通常會透過一些簡單的數據看互動，透過描述、時間段、什麼時候發文這些指標，可以簡單判斷他有怎樣的關注度，並且他的話題性與他的點非常重要。話題性怎麼來？網紅很有個性，我認為有些人是天生的網紅，沒有人教他行銷，但他就是在行銷，他在行銷他自己的美、新髮型或者新鞋子，所以有些人就是在營運他自己的傳播方式，讓更多人關注他。

第二，營運團隊。這裡面包括生產和行銷。那麼是怎麼做到把產品行銷出去的呢？第一塊就是我剛剛說的網紅的自我行銷，把自我形象賣給了一些不認識的人，那怎麼賣呢？是透過新媒體的推波助瀾；第二塊就是產品，一定要保證產品的品質

和快速的供貨能力。行銷從哪裡做呢？不要單單停留在大眾網拍上面，還要做一些 Facebook、Instagram 的行銷，只要有粉絲活躍度的地方都要看一看，利用手上的資金、資源以及各方面的管道，把粉絲吸引過來。比如今天走在街上，看到一個正妹會吸引我的注意力，美女養眼，產品覆蓋到她身上的時候就傳播出去了。但是這需要持久，因此需要不停引爆、引燃它。

第三，粉絲。團隊的營運離不開粉絲。一方面，要根據粉絲做精準行銷。比如我的粉絲有一百萬了，要知道粉絲是誰，怎樣根據粉絲做精準行銷？如果粉絲多是三十歲的人，大家推薦產品一定要在晚上八點的時候；但是如果是十八歲那就等到十點以後推薦。我們要理解這些人群生活環境是什麼，他們做什麼。

不乏有一些非常年輕的網紅，由於形象的不同造成了粉絲群體不同。在這個群體當中，打廣告一定要選擇星期六和星期天，或者星期五晚上十點、十一點之後，因為他們可能持續到凌晨一點還有人滑手機。

另一方面，新媒體管道會比原來傳統行銷多很多的管道能夠點燃。我們可以每天運用好幾種行銷工具，早上七點看到我的品牌，下午三點看到我的品牌，八點看到我的品牌而又不厭煩，因為運用了三個到四個的軟體。所以行銷是一種非常有效的方法，讓自己的品牌整體形象攀升很快。

第四，平台。平台真的很重要。比如說我今天簽一個網紅可能花了很大一筆費用，但是他在這筆費用中已經買斷了，現在這種情況非常多，這就是平台賦予他們的。

4.2.3 網紅「孵化器」的核心競爭力

1 · 豐富的網紅資源和強大的網紅複製能力

　　首先網紅經紀公司會主動聯繫具有一定粉絲量基礎的網紅，一部分網紅本身粉絲資源堅實，因此在與企業合作分成上難以妥協，孵化器面臨的是如何說服網紅合作；其次網紅的生命週期不如明星，許多人的生命週期只有短暫幾年，如何在此期間儲備網紅，並使之填補過氣網紅，是考驗網紅孵化器管理的重要一環。許多網紅公司會有類似星探的角色，開發真正有潛力的網紅，簽約並培養。最後，許多網紅容易被網友深挖，尤其當其因為某事件因素迅速爆紅，這個時候考驗的是網紅孵化器的危機公關能力，以及利用事件迅速行銷網紅的能力。

2 · 強大的數據分析能力

　　基於粉絲的數據分析，能快速定位粉絲類型、偏好、活躍時間、互動比率、互動形式、轉化率等等。根據粉絲的回覆率、轉發率、按讚率以及回覆內容關鍵字提取，可以預測產品款式的熱銷程度，從而決定訂單量。基於現有的粉絲互動數據判定網紅的成長能力，即是否具備成長為超級網紅的潛力。

3 · 強大的供應鏈支撐

　　傳統服裝業最大的痛點，是不知道明年會流行什麼，卻要在今年收明年的貨款，提前把明年的服裝板型都設計好，所以存在較大風險，有存貨的壓力，還有壓貨賣不掉造成的損失。而孵化器基本上能做到隨時生產，隨時出貨，在確定產品偏向

之後，他們能迅速與上游供應商聯繫原料，並立刻投入生產，快速送到粉絲手中。孵化器一部分有自己的工廠，捨棄並打散了傳統供應鏈中幾十人一條產線的大流水線，改成三四人的小組式，靈活調整生產計劃，以適應網路銷售的小批量生產，也有一部分孵化器選擇和工廠合作。

4・社交平台的粉絲營運能力

網紅簽約或者出道之後，會在社交平台上穿著商家的衣服拍宣傳材料。這些帶有廣告性質的文章會巧妙的嵌入在其他資訊裡，避免過度的商業化引起粉絲反感。總體而言這種弱關係下，粉絲願意為偶像花錢，或者接受偶像在自己身上賺錢。網紅店孵化器模式最打動消費者內心的，就是想像馬上能變成現實，從社交媒體的按讚，到一鍵網拍連接，在華麗大圖衝擊下，實現衝動式購買。消費者行為學就是，消費者往往都會自以為聰明，所以商家需要做的就是讓他們想像自己很美好，在還沒開始購買的時候，就讓他們覺得自己會變美，製造出一個夢境，這樣消費者就很容易衝動買單。

5・合理的利潤分成及激勵機制

孵化器出資，網紅出力，網紅拿10%到20%的銷售額。直接用粉絲換20%的銷售額，對網紅來說很划算。網紅出資，孵化器出產業鏈和店舖營運，孵化器提成10%到30%。這對孵化器來說也是很賺錢的事，網紅可以取代一個營運團隊，不需要任何額外廣告宣傳，就可以達成宣傳目的。網紅、孵化器共同出資，共同建設產業鏈，這種模式一般會按底薪＋利潤

分成。比如底薪給網紅開一百萬元一年，年底再五五分成利潤。如果一個網紅店年銷售一億元，利潤大概在兩千萬元以上，網紅拿底薪＋一千萬元，孵化器拿一千萬元。

4.2.4 網紅「孵化」公司如何營運網紅模式

從數據上來說，網紅店一般情況下，老顧客占據很高的比例，上新款時老顧客的占比甚至能達到 70% 以上，日常則保持在 50% 左右，這是屬於比較好的網紅店。首先並不是所有的紅人都適合做網紅店，根據網紅職業的不同，粉絲關注的重點也不同，粉絲的人群需求也不同。網紅開店就必須滿足三種要求：①粉絲群體適合促銷；②紅人選擇服裝的風格夠好；③有快速反應能力的供貨和上新款。

先來說說網紅模式的粉絲群體，粉絲的目標不同，其促銷的結果也不同。先來為網紅劃分一下粉絲群體：影星、諧星、歌星、主持人等紅人，雖說有很大的粉絲群體，但是這些粉絲都是衝著紅人本身來，對其推薦的商品，並不會有太大的興趣；其次，不同平台對粉絲的維護，也有著不同的效果。Facebook 有較強的傳播性，Instagram 有較強的交流性。多數網紅傾向於採用 Facebook 進行商品預熱，而且透過付費投放吸引粉絲，但這是近乎無效。Facebook 的作用應該主要放在維護粉絲上，新粉絲的吸收應主要靠網店導入，這樣的粉絲是對商品有一定了解，比較容易產生二次消費，靠花錢引入的粉絲，有較長的觀察期，且較容易使粉絲轉路人。Instagram 主要應該是針對忠實粉絲，及時收集顧客資訊，測試對新款的喜愛程度等都比較合適。

在維護粉絲的同時，如何引入更多新粉絲，在前期和中期相當重要。如果你有五萬的忠實粉絲，一次上新款可以銷售好幾萬元。但這五萬粉絲的累積，需要很多年，或者說你需要夠好的眼光，保證每期都有較好的衣服款式，累積後才能達到這樣的忠實粉絲群的數量。在運作初期，紅人的粉絲並非出於購買商品的需要而路人轉粉，初期的推廣效果比較低，粉絲的認可程度較低，而且推廣資訊的增多會導致粉絲轉路人，這是那些背著紅人包袱、似紅非紅的紅人最不願意看到的。而正是由於這樣的條件，在最初期紅人店與偽紅人店並沒有任何區別，只是在運作過程中，能否甩開明星包袱，成了兩者的分水嶺。由此可以說是，前期靠的是營運能力，後期靠的是營運和粉絲維護能力，紅人在其中造成的作用主要是挑款，拍照。其中挑款最為重要，挑款能力的高低，在沒有累積足夠的粉絲之前，造成左右店舖銷售能力強弱的作用。

網紅的運作模式在前期主要依靠三項：粉絲、款式、營運。其中款式在前期極為重要，在運作前期，粉絲數量有限，而營運依靠的是款式、價格、圖片，紅人選擇的服飾有較強的個人風格，屬於小眾群體，占據市場比較容易，借用粉絲的力量可以快速占據。但是數據的有效週期過短，必須有合理的營運才能解決這個問題，在運作前期，老顧客占比很低，多數買家為新顧客，在有穩定的品質保證和貨源供應的情況下，產品會有較高的二次回購率，營運最重要的操作就是如何預熱上新，和選擇最合適的上新週期，這些數據都是需要無數的錢財和精力去測試的。

請記住，以上這些只是網紅模式的初期，到了中期，店舖

需要面臨兩大嚴重問題，運作合理幾個月的初期累積營業額，對供應鏈產生了很嚴峻的考驗，每天幾千件產品的銷售，而且這幾千件中分為幾十個不同款式，還必須嚴格控制產品品質。要實現這些，又需要非常多的時間和金錢。對於真正的網紅大店，我們一般會採用優化供應鏈並且預熱，並利用預熱數據做基礎，利用一套獨有的演算法，徹底解決庫存問題。解決了供應鏈問題，還要考慮如何將如此多的新顧客沉澱為忠實顧客。

到了網紅店運作的後期，主要就是粉絲的維護，和監控數據的波動，對決策進行數據分析，避免多數的風險問題。

4.3　如何讓網紅變現

不管是網路時代還是行動網路時代，流量仍然是一切的基礎，自帶流量的網紅已經找到了變現的方式，而有溫度的流量最賺錢。自己就是最好的產品代言人，活躍於台前的他們透過社交平台展示自己的穿衣搭配、日常生活，工作周邊，以吸引更多人關注自己。網紅經濟的本質是吸引力經濟，網紅產業的本質是內容產業。要在網紅經濟中賺錢，並不是一定要自己當網紅，跟顏值也無關，而是圍繞著網紅經濟的趨勢進行業務模式的調整。

在介紹如何讓網紅變現之前，先來看下應該如何跟網紅合作。

（1）「包養」方式。比如一個月包多少條 Facebook 圖文、Instagram，網紅根據自己的理解，持續發布內容，影響粉絲，

轉化為商家的客戶。

（2）最好的方法是投資。如果想要更好的變現，投資是最好的解決方案。這類網紅變現比較弱，但合作門檻比較低。假如自媒體本身有公司的話，可以入股自媒體。自媒體網紅價格相對高，直播間網紅付出的錢少一些，但付出的努力更多。

總體來說，兩種方式，「包養」他們或者投資他們。

很多人沒辦法接觸到網紅。怎麼辦？

目前，爭奪網紅資源已經很難了，幾十萬粉絲以上的網紅都被簽了。而聰明的商家會採用逆向思維：最好的辦法，就是培養網紅。這樣不僅省掉廣告費，還培育了自己的資產。

培育網紅需要找到途徑，或者找到專業的包裝機構，都可以培養出一批網紅。

團隊可以想一想，有了自己的網紅，就再也不用推廣品牌，只要說你團隊成員中湧現的網紅顏值有多高，多麼有正能量，多麼有價值，自然而然就會塑造出品牌形象，帶來銷量。

經濟下行環境下，網紅是目前為數不多，能夠讓大家眼前一亮的新經濟成長點。經濟下行時，娛樂、遊戲等產業就容易賺錢，網紅是三者兼具，讓人遐想，吸引眼球。所以，今天網紅的風行，跟整體經濟下行有關係。做商業決策，不能不考慮大環境。網紅經濟紅利屬於敢玩敢闖、看得長遠的人，而不是短視、急功近利的人。

目前網紅變現和盈利來源主要有以下幾種：

第一種是粉絲打賞，在各大主播平台上，往往紅的主播一

個晚上就能賺上萬，靠的就是粉絲送禮物。網紅依託於社交媒體平台，網紅變現同樣依賴於其所在的平台，比如17直播等。平台基本都有打賞功能，讓網紅可以直接收粉絲的錢！對於直播間的網紅，粉絲可以送各種虛擬禮物，平台方折算後返還給網紅。假設一篇文章的讚數達三千五百多個，平均每個讀者讚賞十塊錢，那麼一篇文章的收入就高達三萬五千多塊！對於一個年輕的女孩子來說，可以任性一星期了。

第二種是打廣告，採用幽默有趣的方式傳遞廣告，達到廣告效果，報價同樣數萬元至數十萬元不等。目前在業配文界，粉絲數十萬元的價格往往寫一篇測評在數萬元。網紅做廣告比影視明星更為便捷，發業配文、發連結，動動手指即可。Prada、香奈兒等品牌發布新的口紅、香水等產品時，會找網紅發廣告，他們甚至會在不同的時間節點，找不同的網紅，展現產品的某一特點，以達到精準行銷。奢侈品圈、化妝品圈已成為網紅收入的重要來源，有強烈個人屬性的自媒體網紅年收入上百萬元的已不是少數。

第三種是網拍，網紅可以直接銷售產品。網拍是我們所熟知的狹義上的網紅主要的收入來源。那些擁有十萬粉絲的網紅，他們早就被商家盯上，他們發的動態、生活場景均可以植入產品，引流到網拍官網。

還有些網紅透過簽約的方式獲取穩定收入，一年穩獲保底收入五十萬元、一百萬元等。網紅開店，已成為一條致富之路，粉絲和網紅之間的互動非常強，粉絲願意為他們的明星買單。

第四種是商業演出，人氣網紅出場費高達上萬元，一些網紅本就是小演員、小模特，本身顏值不低，利用網紅優勢迅速抬高身價，出席活動也是數萬元起價。網紅出席品牌商的活動不僅能獲得出場費，還能在現場獲取更多的粉絲。粉絲增加，有利於提高自己的身價，真是一舉兩得。

第五種是炒作輿論。一些無良網路策劃師不僅為企業提供品牌炒作、產品行銷、口碑維護、危機公關等服務，也按客戶指令進行密集發文，詆毀、誹謗競爭對手，甚至控制輿論，左右法院判決。這種現象被稱為「網路黑社會」。也有一些網路策劃師線上上幫人聲討不公平的事件，收取一定的費用，把事件曝光，引起輿論注意，促進爭議，最終完美解決。

上述第三種我們提到網拍，那麼網紅的網拍服裝店能成功的祕籍在哪裡呢？

（1）選擇大眾消費的服裝類產品

服裝類產品不僅銷量大，而且利潤高，而銷售量最大的服裝價格一般在五百～一千五百元之間，若服裝價格控制在一千元以內，就符合大眾消費能力；同時，服裝銷量和「模特顏值」成正比，買家中意某款服裝，更希望看到別人穿上這款服裝是什麼樣子，而若有大量的「模特實穿」照，從不同角度展示，「用圖片說話」勝過任何華麗描述。這種紅人模式的服裝網拍，已經成為主宰銷量的有力法寶。

（2）將「粉絲經濟」量化

從麻豆到網紅，折射了服裝網拍的變遷。麻豆是服裝網拍最早的模特，從前「有身段無名氣」的麻豆能讓銷量翻倍。而

現在從麻豆到「網紅」的變遷，網紅最早是透過上傳照片獲得轉載，而在網路上走紅，一般都有大量的粉絲，而網紅網拍就是「把粉絲變成購買力」。

無論是在什麼社交軟體，想要獲得人氣就需要不斷「吸粉」，以此達到行銷目的。而網紅就是將「粉絲經濟」演繹的淋漓盡致，可以說，在社交化的網路行銷時代，「網紅行銷模式」和現代最流行社交化的行銷模式不謀而合，正是因為如此，才顯示出強大的威力。

（3）「客製」符合現代人個性需求

不知從什麼時候開始，網路開始流行「客製」，裝潢客製、沙發客製、西裝客製、酒客製……客製的好處在於，一方面是滿足了當下網友的個性需求，另一方面是，客製一般都是先付款後出貨，這樣可以掌握市場需求量，「按需生產」，有效減少庫存積壓，加快資金流轉。無疑，客製具有多種行銷優勢，未來的網路行銷模式中，「客製」的作用越來越重要。

（4）團隊營運，重視原創

成功的網紅服裝店，從成立到目前營運都是一個團隊，而且很會借勢，憑藉風向推廣關注度會更高，銷量自然不用說。

（5）原創

在傳統的 SEO 理念中，原創一般都是指文章而言；但時過境遷，現在搜索關鍵字，顯示的不僅僅是新聞內容，還有圖片和影片。而在那些網紅的人氣網拍，有大量的「原創圖片」，而且幾乎每上線一種產品，隨後就是大量的「真人照」，

並且開始重視自己的智慧財產權，在商品描述中會明確提示：
「請勿盜圖，盜圖者法律追究。」

（6）銷售模式

網紅模式是：出樣衣拍美照—粉絲評論反饋—挑選受歡迎的款式打版、投產—正式上架網拍。完全顛覆了以往網拍挑款—上新款—平銷—商業流量—折扣的傳統模式，而且獲得了不菲的價值。無怪一位網紅如此說：「以前我總覺得網紅不是褒義詞，現在我卻覺得挺驕傲，我們並不是一個空花瓶，我們所獲得的一切都是我們花費成倍的時間、精力經營出來的，這不是一般人能做到的。」

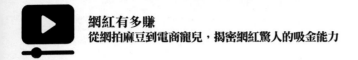

網紅有多賺
從網拍麻豆到電商寵兒，揭密網紅驚人的吸金能力

第 5 章

網紅如何做電商

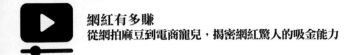
5.1 網拍網紅

5.1.1 網拍網紅的發展

說到網拍網紅，不少人眼前會浮現出幾個膚白貌美、大眼長腿、名牌包包加身、永遠造型完美的時髦女郎。她們無一例外集合了能讓大多數女生羨慕嫉妒恨的種種優點，而且竟然還賺得一手好錢——按照那些小道消息，她們每個人依靠著開服裝網店，早已經成了富翁，就算保守點說身家也是百萬元級了。

但網紅們的發家史真的就是一個個「一美全都有」的故事？看上去美，或者起碼在照片中美，只能說是成為網紅的基礎。在日常銷售中，部分網紅商場新款成交額一天就突破上萬元，表現絲毫不亞於知名服飾品牌。憑著姣好的面容，這些年輕的女孩就這樣過上了人人都羨慕的光鮮生活，至少在社交平台上她們是明星，在那個世界，她們只負責美和享受美。

網拍上的「美」，自然是指高顏值、好身材。但更關鍵的還包括穿什麼、怎麼穿。「其實你可以把網紅看成一個 KOL（意見領袖），她們在做的事情就是審美輸出，分享自己的穿衣風格。所以一個成功的網紅，一定有鮮明的風格。」

而現在的網紅穿衣風格越來越細分，不論是學院風還是名媛風，基本上外國街拍出鏡率高的類似風格單品，都能在她們的店裡找到。當在網拍又或是社交平台上，看到照片裡打扮美美的網紅出現在高級商場、熱帶小島或是高級餐廳，不少人就

會開始抱著一種粉絲的心態，並且由此產生一種對「美好生活」的嚮往。而當網紅開了服飾網拍，這些嚮往之情就找到了一個釋放的出口——轉嫁到了網紅所穿的衣服上。

「這種情感聯繫非常牢固，」一位有三年網拍經驗的「闆娘」對記者說，「這也是為什麼原本只是網拍模特平台的模特會湧現出一波網紅。因為很多粉絲認臉，所以模特「單飛」開店，粉絲也就跟著走了，之後再好好經營，有了更多粉絲，模特也就成了網紅。」

5.1.2　想成為成功的網拍網紅，需要掌握這些祕訣

1・那些「獨家訂製款」，其實常常就是仿大牌

為了實現從「賣家秀」到「買家秀」，網紅要開始大量複製那些被粉絲寄予「豐富情感」的衣服。

一般來說，網紅賣的衣服有兩種來源，一種是批貨，也就是網紅前往服裝批發市場挑款。當訂單量大的時候，還可以以批發攤位為中間人，向工廠訂貨。

另一種是做貨，即網紅以選購的樣衣為模板，購買或訂製與樣衣材質相同或相似的衣料，再找服裝工廠仿版生產。規模較小的網拍可以把整個仿版生產的過程外包給工廠，以降低經濟和時間成本。而成熟點的網拍因為擁有自己的設計師團隊、製版工和樣衣工等，只需將批量生產的流程交給工廠。透過自己製作樣衣，可以更好把控衣服品質，減少一些不必要的失誤。

　　仿版是網紅生意經裡的灰色地帶，打開網紅的店，原價超過上萬元的裙子，網紅的仿品只賣兩百元。即使禁止仿冒的口號越喊越響，但是網拍的仿品仍然多不勝數。「所謂原創與否，很多時候其實也只是仿得多、仿得少的區別而已」，這是整個產業公認的現狀，這也許和消費者對於仿品的容忍度出奇高的現實有關。隨著越來越多的消費者在衣著方面的審美提升，他們開始想要購買有設計感的大牌服飾，但很多年輕人的購買力沒辦法跟上眼光成長的速度，於是網紅推出的「獨家訂製款」、「限量款」就成為了性價比更高的選擇——現在去百貨公司，買件有牌的冬裝，至少也需要花上千元；而在針對大學生的日韓風網紅網拍，一件精仿 Acne Studio 的冬裝外套也只要七八百元。

　　目前來看，大多數網紅店都經歷了從批貨過渡到做貨的過程。在批貨的時候，他們累積了粉絲，這使得之後開始做貨時有了向合作工廠下單的底氣——外包工廠都會有個起訂單量，動輒上萬元，而網紅網拍一件熱賣款很多時候就能賣出上千件，這是多數加工工廠可以賺到錢的產量，因為在這個產品基礎上，工人熟練度比較高，出貨的效率和良品率都更高。而幾百件甚至更少的生產規模，也就意味著成本較高，所以一些客製、穩定庫存的網拍一般單價就會高不少。

2・在網拍買廣告位太貴，Youtube、Instagram 成了圈粉聖地

　　「網紅能紅就三個要素：除了人美、款式好看，會互動也很重要。」前述網紅助理說，「比起明星，網紅更像是個普通人，更具親和力，更能和顧客形成情感共鳴，特別是隨著社交

媒體的興起，顧客有這個情感交流的需求。」

Instagram 是網紅吸粉和維護粉絲關係的最重要陣地——一個有血、有肉、有錢、有趣的潮人，和數十萬粉絲分享生活中的嬉笑怒罵、吃喝玩樂，順道見縫插針的推銷一些自家產品，是最常見的行銷手法。而他們之所以沒有選擇在網頁上投廣告，歸根結底是因為推廣太貴太複雜。

不過，即使不投廣告，光靠經營 Instagram 推廣，網紅的生意也已經夠好了。網紅網拍每次上新款的第一天和第二天，客服和倉庫出貨的工作人員都會累瘋，因為每一款衣服全是被「秒殺」的節奏。「每一家網紅店的基本流程都大同小異的，但是細節處理可以天差地別，而這些細節往往才是能否能贏得競爭的關鍵。」一位網拍店長在接受採訪時說道，「這是一個要靠時間累積、燒錢摸索的行業，早就不是最初只要照片美、人人都能賺到錢的那個時候了。現在留下的，已經是經歷過市場追殺的聰明人。」

5.1.3　網拍網紅推廣技巧

網拍網紅的推廣可不僅僅是在 Instagram 上就輕易解決了，隨著社群軟體越來越融入人們的生活，社群行銷也開始攻占。

1・真誠就是日常生活

我身邊一個網紅，每天拍影片教大家健身，粉絲互動一直不是很好。我說，妳為什麼不把自己的減肥心路歷程用圖文的形式寫出來呢？這樣粉絲會覺得真實，說不定會互動。她半信

半疑寫了一篇幾千字的文章，瞬間有幾十人與她互動減肥技巧，這一方面是文章帶來的效果，另一方面是真誠的效果，因為自己的心路歷程，別人無法複製。

自古至今，為什麼在洗澡的時候容易談成生意？因為洗澡的時候都要脫光衣服，這在古代叫坦誠相待，這樣也能迅速拉近兩人的距離。

如果你能想辦法以真誠的姿態打動粉絲，比如我今天出貨很累，我今天學習很努力，我今天很忙很充實，我今天帶著兒子上課，這些內容都能從真實的角度去打動粉絲。

2·讓粉絲像看連續劇一樣看你的動態

如果要讓用戶有好體驗，得讓粉絲在看文章的時候跟看電影一樣，大部分的圖都做成高畫質動態圖，這樣粉絲一定會喜歡，至少粉絲會覺得真實用心！

這個理論一樣可以運用在動態上，你可以把自己的生活塑造成電影，透過小影片、文字、圖片，記錄自己的生活，但不是普通人的生活，而是一種極致的生活體驗。你需要塑造一個核心的主題，讓粉絲每天都想看你的生活。這種生活，首先得極致，其次得帶有個人強烈的專業理念、價值觀和情感，你需要把專業意見分享到動態。

讓優質的內容產生價值，比如你的文字，必須具有煽動性，這個煽動指的是能煽動粉絲的情緒，正面負面都行，不慍不火的文案無法引起粉絲注意。如何讓粉絲像看連續劇一樣看你的價值生活？比如在懷孕前，你可發孕婦美照；生小孩後，

你可以發兒子的照片，這些照片一定要透過專業攝影，如果是自己拍攝，請 google 一下如何拍出好看的小孩子照片，一張照片的精美程度，代表了你的生活的精美程度。

在這個過程中，你有下意識的讓粉絲融入你的生活，參與你的生活，甚至為你的生活出謀劃策，讓他們幫你做決定，比如你可以公開聊母嬰方面的話題，引起有共同興趣的粉絲注意，這樣粉絲就會想看小孩長什麼樣子，想看你去旅遊的動態，想看你吃什麼美食，住什麼酒店。

還有一種連續劇情預告式的動態方法：定期預告自己的行程，讓粉絲猜測你會幹嘛，讓粉絲關注你用什麼，玩什麼，跟什麼人在一起，這樣有同類型的精準粉絲，會比較有代入感。

3．這個世界就是男性和女性混在一鍋熬製而成的雞湯

容易引起人共鳴的內容，會得到大量粉絲支持和轉發，要引起共鳴，你的觀點就得犀利尖銳。

引起粉絲共鳴，但人的情感共鳴區分為多種，比如搞笑、喜歡、憤怒、狂躁、焦慮、傷心等等。這裡面任何一個共鳴區只要你能激發，都能引起粉絲興趣，問題是有些共鳴，本身不容易引起二次傳播，比如傷心，我們在動態看到別人難過，都會選擇默默躲在一邊，不敢按讚，也不敢評論。

但如果你在動態看到搞笑內容，或者罵人的內容，或者能讓你憤怒的內容，這些能立刻喚醒和刺激你情感共鳴區的點，你會深度參與話題並轉發。所以對待女性粉絲比較多的帳號，我們應該怎樣喚醒情感共鳴區呢？我覺得，表達女權主義就可

以了，說出女性用戶內心深處想說的話，但又不敢說的話，替她們說不敢說的話，替她們做不敢做的事，更容易贏得粉絲信任。表達女權主義，就是相當於你為某一個、某一類用戶代言。

4・要想做別人的生意，先學會做自己的生意

很多時候，我們會發現，當別人不理你的時候，是因為你沒有多少可利用的價值了。當你努力改變自己之後，你會發現身邊的人會越來越多，氣場也越來越強，這時候你不僅能改變自己，也能改變別人。改變自己，這就是用戶的痛點，魯蛇用戶也會有一顆逆襲中產階級的心。所以這也是一個比較好的點，先改變自己，再來吸引同樣想改變自己的人，比如下面這段文案。

「前男友聯繫你無非就那麼幾點：妳現在住哪裡？工作是什麼？單身嗎？依次漸進。在各方面都沒有得到自己的滿意回答之後，他立刻就回到自己的生活！想要變美、氣死前男友的人，快來追蹤我吧！」這個文案的重點，是在闡述女人得改變自己，但這個文案並沒有複製通俗文案，因為通俗的文案大家一看就是抄來的，沒有個人情感色彩，好的文案一定要能引起個人色彩的情感共鳴。

所以當你經營好自己，當你讓粉絲有意識經營自己，這時候粉絲和你的情感已經融合，他們會幫你做口碑傳播和價值傳播，帶來二次轉發和口碑效應。

雞湯幾乎是萬用湯，人人都需要，不是說雞湯就是洗腦

術，你得學會把別人的雞湯，變成自己的現身說法，把別人的雞湯加點作料，變成獨家祕製雞湯，這樣會增加情感權重，喚醒刺激粉絲的情感。

當你把高難度的雞湯，說得淺顯一點，把淺顯的雞湯附上案例，說得深入一點，這就是一碗精緻的雞湯。

5.1.4　商家如何跟網拍達人合作

1・社交電商時代

打開網拍 App，首頁已經逐漸由以前的商品導購轉向內容導購。電商發展到 3.0 階段，商業形態有了改變：從物以類聚的多品類，走向人以群分的細分市場。電商營運方式，由過去的營運產品，到現在的營運內容。優質的內容往往有了更多達人推薦，從而為商家贏得更多的用戶。

在無線時代，商品是有情緒的，帶有內容性。它以標籤的形式，聚集特定用戶，透過有質感的內容連結。用戶很難耐心花很長時間去搜索商品，面對巨大的商品庫，他們希望有更強的導購，輕鬆找到自己想要的東西。

消費者的消費習慣改變，商家的推廣方式也會隨之變化。原先，商家想最多的問題，是如何報名參加更多的活動，提升自己的銷量。爭搶廣告資源位，獲得更多曝光。而這種消費途徑帶來的轉化，效果差強人意。

商品只有在場景中才能提高辨識度發揮價值，離開場景的商品，很難獲得用戶認可。好的內容能讓潛在的顧客停留

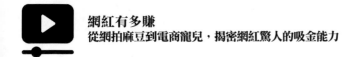
（Stop）、閱讀（Read）、思考（Think）、信任（Believe）。

2・什麼是網拍達人

　　網拍達人是自媒體、紅人、KOL等各種角色的總稱，他們憑藉自己專業的選品能力，為消費者解決選品困難的問題。在一個細分市場，透過個性化推薦，更垂直滲透到用戶。

　　某網拍App的總監提到，在行動時代，第一個變化是帳號體系變強，帳號屬性更強，不只是簡單的網店，而是與用戶連接。達人幫助商家和平台降低了維護用戶的成本，同時也讓整個關係鏈變得順暢。

　　網拍達人總體能分為三塊：①基於長尾市場的內容，推出各個細分市場；②與網紅和時尚相關的產品；③基於商家打造品質優良的貨物。

　　社交電商走平台化是一大趨勢，讓更多角色參與，社區產生更多達人，更多優質商家。

3・商家如何與網拍達人合作

　　找達人是第一步，有以下兩種方法：

(1)　在網拍找到達人。

(2)　在網拍達人發布的各大版塊搜索（特別適合網紅商場）。

　　網拍達人是連接商家與用戶的平台，基本上商家找達人合作，需要注意以下六點：

　　第一，商家在找達人時，首先要量化。找到一定數量的達

人實踐推廣，找到適合產品的達人。哪些達人適合推廣自己的商品，在後台設置定量佣金，作為重點合作達人。

第二，重點營運優質達人，增強合作黏性。對於優質的達人，一定要有獎勵。配合度要高，減少達人的工作量。比如推廣文案和高品質圖片提前準備好，為達人留下好印象。同時可以把關係從線上轉移到實體。與對方見面，建立更深度的合作。

第三，提升產品辨識度。優質商品是達人和商家合作的基礎。商家要專注產品，讓達人主動推廣。

第四，圖片一定要符合整個手機版介面。電商是讀圖時代，圖片一定會越來越精細化。

第五，商家的推廣文案一定要推陳出新。一定要寫出產品的賣點，不要泛泛而談。高品質、有創意的原創推薦文案，能夠快速吸引用戶眼球。用戶需要的是建議與購買理由。

第六，商家推廣的持續性，內容是一個大水池，持續丟入商品，能得到更多展現。

5.2　網紅商業運作解密

5.2.1　網紅的商業運作

在網路時代，網紅市場正在成長為一個新趨勢，網紅迎來了社群軟體吸粉 + 孵化公司炒作 + 網拍等多管道變現的 3.0

時代。大尺度自拍、背靠富二代、炫富……網紅市場在喧囂之下，其實已經漸漸形成了分工明確的產業鏈，網紅不再是個體，而是一個品牌，背後的策劃師公司依靠輸出網紅品牌，創造出令人驚嘆的經濟價值。

1 · 如何打造品牌

與傳統品牌類似，網紅品牌的製造首先也得把一個網紅推向市場。

傳統意義上的網紅，只需要借助一定的網路事件吸引大眾目光即可，過程相對簡單。發展至今，網紅的推出則形成了較為標準的流程。網紅的首要條件是高顏值和傲人的身材，那麼網紅製造的第一步便是美容。在此基礎上，網紅透過發布大尺度自拍、獨特的穿搭等個性化內容吸粉，累積一定人氣後，網紅品牌便可以開啟變現之路。他們幾乎利用了 Facebook、Instagram、Youtube 等可以利用的所有網路管道，堪稱全管道推廣。利用火熱的人氣，在平台上發布廣告，這便是網紅的收入來源之一。

2 · 還要會推廣

與時下當紅的 O2O 類似，網紅品牌不僅需要團隊支撐，還需要諸多吸引眼球的概念。網紅其實早在 1.0 時代，背後便存在策劃師。伴隨著網紅市場的發展，網紅間的競爭趨於激烈，在以時尚 Instagram 主和網紅賣場走紅為標誌的網紅 3.0 時代，僅靠一些浮誇大膽的言語和大尺度自拍已無法抓住大眾的眼球，一些更加高明的借勢行銷應運而生。

　　與傳統品牌天價簽約人氣明星代言來推廣品牌不同，網紅
選擇了另一條難度較大、但事半功倍的道路——成為明星的男
女朋友。儘管聽起來猶如天方夜譚，然例如郭富城、羅志祥等
多位重量級明星，都被網紅「斬獲」。在郭富城 Po 出「這樣開
車要慢點」的秀恩愛貼文，吸引十餘萬的評論與按讚後，已是
「天王嫂」的網紅方媛第一反應不是給予愛的回應，而是借此
為自己的網拍打廣告。同時，曝光色情圖片、影片等遊走在法
律邊緣的行銷，亦是網紅一直以來的推廣方式。

3・初現產業化

　　當品牌集聚後，便會逐漸形成完整的產業鏈。在目前的網
紅 3.0 時代，網紅品牌背後的產業鏈已經初步顯現，這種模式
在歐美已成為一種較為成熟的商業模式；另一種模式則是更普
遍的電商模式。由於網紅商場往往存在缺乏供應鏈支持、團隊
管理不規範等痛點，於是專門解決這些痛點的孵化公司應運而
生，轉型為網紅孵化器，依託供應鏈的優勢和公司化的管理，
批量製造網紅品牌，然後借助網紅的影響力，使網拍銷量迅速
成長。某知名網拍 CEO 認為，現階段尚屬中早期，未來網紅
市場將會有更多人入局，前景不可限量。

5.2.2　網紅背後的產業鏈關係

　　由於網紅平民化、廉價以及精準行銷的特點，其商業價值
正在被逐漸開發，逐漸形成了商業化的產業鏈。

1・網紅產業鏈結構剖析

在網紅產業鏈結構中，主要的成員包括社交平台、網紅經紀公司、電商平台以及為網紅提供產品的供應鏈平台或品牌商。每個成員都有自身的定位，自上而下結合成一條完整的產業鏈結構。

（1）社交平台

在整個產業鏈中，小社交平台由於其在某領域的專業性，往往會有部分在該領域有特殊才能的網友，在互動過程中逐漸受到其他興趣相同網友的關注。隨著關注人數增多，該具有特長的網友逐漸成為小型網紅。

（2）網紅經紀公司

其運作模式基本為：

1. 尋找簽約現有合適網紅；
2. 組織專業團隊維護網紅的社交帳號。定期更新吸引粉絲注意的內容，保持互動、維持黏性，使粉絲點擊相關網拍連結、購買推廣的產品；
3. 組織生產。利用其供應鏈組織生產能力為網紅對接供應鏈管道，將其線上宣傳的產品進行實體生產；
4. 提供相關電商店舖的營運管理。網紅經紀公司透過在網拍銷售產品的方式，將網紅社交資產變現。

（3）供應鏈製造商或平台

網紅由於講究時尚性和獨特性，往往想要尋找到能夠靈活應對下游消費者需求，做到隨時生產、隨時出貨的供應商。由於這對供應鏈提出了較高的要求，部分品牌上市公司也想借助自己已有的成熟供應鏈體系參與這個環節。

2・為什麼網紅店的商品會大賣？

網紅的出現其實改善了供應鏈效率較低以及客戶精準行銷的問題，從供應鏈和零售兩端來看：

（1）「網紅買手」制的購物模式，提升供應鏈效率

網紅作為專業領域的意見領袖，利用自己在時尚領域的敏感度、品味以及其背後強大專業的設計團隊，將符合潮流趨勢且迎合自身粉絲偏好的產品推薦給消費者，這在降低消費者購物難度的同時，提升了供應鏈效率，緩解了品牌商庫存高、資金周轉慢的問題。

（2）打開吸引客流新管道

網紅為品牌電商吸引流量提供了新的管道選擇。網紅經濟作為粉絲經濟的平民化表現形式，能夠透過社交平台的大量流量以及精準行銷，大幅提高轉化率。由於粉絲關注的網紅，均為各自專業領域的達人，其對網紅推銷的專業領域產品會更加敏感也更容易接受（比如遊戲達人推薦的遊戲硬體，會更容易被遊戲粉絲接受），因此提高了消費者的轉化率。

同時，隨著社交平台的興起，逐漸成長的流量，使得在這些平台上成長起來的網紅能夠擴及更多粉絲，加上網紅粉絲消費的高轉化率，使得品牌服裝公司開始試圖以網紅宣傳，代替平台廣告的宣傳方式。

5.2.3　網紅的吸金大法

不能否認的是，網紅正在以自己的方式走出一條全新的產業鏈：他們在社交媒體上「演出生活」，進而擁有眾多粉

絲，他們經營的網拍收入不遜於一線明星，他們拍廣告、做代言，圍繞網紅的商業價值甚至催生了一種名為「網紅孵化器」的公司。

網紅的成長途徑比較相似：透過社交平台塑造自己鮮明的形象，或年輕貌美或有品味有格調，或呆萌或不羈，透過「故事」聚集大量粉絲，與之互動贏得信任，接下來就是開店，形成品牌，將粉絲轉化為購買力。

某服飾業營運總監認為，紅人模式的主要競爭力表現在：挑款能力強（時尚度高，市場反應快）、銷售測試成本低（庫存低，利潤高）、推廣成本低（自有流量，不依賴活動，且粉絲忠誠度高）。

近年來，隨著資本的介入，出現了一些網紅孵化公司，它們將一些網紅聚集，公司化營運。與相對喜歡拋頭露面的網紅而言，孵化器公司大多都沉默低調。它們排斥媒體報導，並對自己的營運模式諱莫如深。

孵化器眼下最急於做的，就是快速擴張、完善供應鏈，和簽下盡可能多有潛力的網紅。網紅靠自己的美貌才智，消費粉絲，而孵化公司則依靠強大的整合能力和流水線作業，幫助網紅在這條路上越走越遠，同時它們也分得一杯羹。

有一些網紅看起來粉絲數量很多，但評論和轉發量不高，只有寥寥幾條，這種情況他們一般會認定存在許多不互動的粉絲；還有一些，評論和轉發率很高，但言之無物，意味著很有可能僱傭了網軍。正式簽約以後，網紅和孵化公司就會分工，公司負責營運店舖、供應鏈建設以及設計等，同時為網紅提供

團隊，負責為新品推廣生產內容，而網紅主要在社交媒體上展示自己的日常生活，也就是「講故事」，吸引粉絲維持黏性。當然，如果有娛樂明星、天王參與助興，圈粉速度會大大增加。這是一個資本助推的遊戲，投入也相當可觀。

與此同時，一些粉絲變現能力弱或者缺少變化的網紅，即使簽約也有可能很快會被淘汰，如何能保持網紅的活躍度、良好的形象並同時為網店帶來持續的銷量，這並不是一件簡單的事情，很多網紅擁有大量死忠粉，只要網紅商場上新粉絲就會毫不猶豫購入，有些粉絲拿到衣服後覺得品質不好，扔了也無所謂，這類死忠粉甚至會被戲稱為「腦殘粉」，但卻是孵化公司的重點維護群體。

這看起來是一個多方共贏的商業模式。在這個產業鏈上，傳統的網拍店主和買家並不直接對接，而是透過網紅完成交易，在整個過程中，網紅更像是一個超級導購，進而名利雙收。

不過，優質的網紅都是稀缺資源，而在這資訊爆炸的年代，再想透過社交媒體捧紅一個新網紅，進而轉化為商業價值，並不是一件容易的事情，在專業人士看來，「這個行業的水已經很深，不是一般人能擾動起的了。」

5.3　如何打造網紅商場

以服裝行業為例，目前服裝產業鏈的銷售端主要分為實體銷售以及線上銷售兩部分，而線上銷售目前又延伸出了網紅商

場這種新型的銷售手段。網紅的出現其實改善了目前供應鏈效率較低以及客戶精準行銷的問題。從供應鏈和零售兩端來看，網紅店之所以會成為焦點，有如下一些原因。

5.3.1　網紅跟隨潮流的購物模式

提升供應鏈效率。傳統服裝產業鏈包括服裝設計、組織生產以及服裝銷售三部分。在這三部分中，服裝設計和組織生產兩個環節屬於整體產業鏈的製造端。網紅作為意見領袖跟隨潮流模式，透過精準行銷方式促進服裝產業鏈效率提升，整個服裝產業鏈多數環節，通常由品牌商內部化完成。品牌商負責時尚潮流的市場追蹤以及產品的設計，並自行聯繫外包供應鏈組織產品的生產。各品牌在利用廣告打造品牌方面比較成功，但由於在設計、供應鏈及終端行銷管控各方面均難以專業化、存在不同程度的缺失，在不利的外部衝擊下容易陷入銷售效率下降、管道庫存巨大、資金周轉緩慢的困局。而網紅作為專業領域的意見領袖，其可以利用自己在時尚領域的敏感度、品味以及其背後強大專業的設計團隊，將符合潮流趨勢且迎合自身粉絲偏好的產品推薦給消費者，這在降低消費者購物難度的同時，提升了供應鏈效率，緩解了品牌商庫存高、資金周轉慢的問題。

5.3.2　網紅銷售模式有望為品牌商打開吸引客流新管道

在產業鏈的零售店、網拍門市以及新晉網紅店，在運作模式上有所區別。

1・實體店階段

在實體門店上（主要指直營，經銷商模式則為經銷商主導），品牌商需要負責店舖租賃、店員僱傭，各種品牌推廣以及店舖的最終營運。由此帶來的業務支出主要包括店舖租金、廣告費用、人工成本以及其他營運相關開支。品牌的實體店模式均有一個從規模經濟逐步轉向非規模經濟的過程。在品牌創立之初，由於品牌商在廣告宣傳方面從無到有的大量投入帶來的客流量，由於低基數效應（Base Effect），將使公司的店舖擴張以及單店銷售快速成長。但隨著公司規模擴張到一定的階段，由於特定消費群體需求的逐漸飽和，或者單一品牌推廣邊際效用的下降，單純的廣告以及開店模式所獲得的邊際收入將大幅降低，這也使得租金、人員工資等一系列費用在總收入中的占比大幅提升。與此同時，若房地產價格持續走高，帶來的租金成本也將持續上升，進一步突出這一問題。

2・線上 B2C 電商階段

在此大背景下，實體品牌商均要尋找新的品牌推廣廉價通路，以獲取新的廉價客流。在平台引流費用昂貴且效率低下的情況下，各品牌商開始尋找新的行銷辦法。隨著越來越多的商家在電商平台開店，以及流量費用的日漸高昂，品牌商所支付的推廣費用，轉化成實際消費的效率極其低下（比如平台種類繁多，置頂或搜索功能並不一定能使消費者進入品牌商官網），目前傳統 B2C 電商獲得一個實際客戶的成本已突破百元。因此各品牌商亟須尋找新的吸引流量手段，以代替依託中心平台的引流方式。

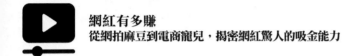

3・尋找新行銷管道——網紅店為其中之一

　　網紅為品牌電商吸引流量提供了新的管道選擇。網紅經濟作為粉絲經濟的平民化表現形式，能夠透過社交平台的大量流量以及精準行銷，大幅提高轉化率。由於粉絲關注的網紅均為各自專業領域的達人，其對網紅推銷的專業領域產品會更加敏感也更容易接受（比如遊戲達人推薦的遊戲硬體，會更容易被遊戲粉絲接受），因此提高了消費者的轉化率。同時，隨著社交平台的興起，逐漸成長的流量使得在這些平台上成長起來的網紅能夠擴及的粉絲數量越來越多，加上網紅粉絲消費的高轉化率，使得品牌服裝公司開始試圖以網紅宣傳，代替原先的依賴中心平台廣告宣傳。網紅商場的整體費用，大體與實體門市以及官網相當。但是，網紅商場對於供應鏈效率以及客流吸引效率的提升則更為明顯。

5.3.3　網紅雖然只是銷售模式的轉變，但有望幫助社交電商平台取代中心電商平台

　　網紅銷售只是品牌商重新尋找高效率的行銷方式。根據前文，由於實體店擴張以及電商平台導流的效率逐漸下降，品牌商正在重新尋找新的高效率導流方式。網紅利用自身，在社交網路累積的大量社交資產，以及其跟隨潮流的意見領袖導購方式，大大提升了其宣傳的有效性，這是品牌商找到的一種推廣宣傳自身產品的全新方式。雖然網紅銷售本身仍只是一種銷售方式，但其有望將線上交易場所，從中心電商平台轉移至社交電商平台。雖然網紅銷售只是品牌商又一次銷售管道的改變，但是由於身處網路社交平台這一獨特性，使其成為行動社交電

商 B2C 變現的一個縮影。

　　隨著品牌商將交易轉向網紅，網紅所依託的社交平台將吸引越來越多顧客瀏覽、產生更多的產品展示。行動社交電商透過無縫對接社交平台的方式，將迎來更多的產品交易。隨著越來越多的顧客流量開始由網紅社交帳號導入，越來越多的交易透過可直接對接社交平台的行動社交電商完成，傳統 B2C 電商的中心平台搜索推送功能將被大大削弱。因而借助網紅所吸引的大量流量以及高效率行銷能力，行動社交電商有望透過社交網站承載起越來越多的交易功能，從而實現網路購物的去中心化。

　　近年來，越來越多的網路紅人透過社交網路累積大量粉絲，但是如何將其他平台的千萬粉絲，轉化成網拍的粉絲，卻是一個不小的難題——在現實中，往往不少紅人透過 Youtube 或者 Instagram 積聚了為數不少的粉絲，但願意為紅人打造出的產品買單的粉絲卻寥寥無幾。

　　紅人的導流：究竟是什麼，讓人們在滑 Instagram 的同時，不知不覺完成購買行為。這就是紅人導流的過程：視線聚焦，情感支配，商流融合。

(1)　視線聚焦。網路上的內容是由 1% 的人產生，那麼這其中優質的內容便會充分曝光，經過人們不斷點擊，不斷提高搜索權重，從而加速其傳播，在透過口耳相傳完成到線上的轉換，馬太效應（Matthew effect，指科學界名聲累加的一種回饋現象）明顯。紅人便是優質內容的生產者。

(2) 情感支配。這一點上，技術的發展造成了至關重要的作用。在 4G 網路和 WiFi 普及之前，看一張圖都很費力，而今的行動影片已不會受到太多的限制。影片作為一種媒介，透過動畫、聲音等多重感官刺激，是目前最能夠引起人們情感共鳴的媒介形態。根據麥克盧漢（Herbert Marshall McLuhan）「媒介即資訊」理論，影片本身即是一種資訊，人們逐漸摒棄了閱讀，也在逐漸遠離靜態的圖片，更常觀看資訊獲取門檻最低的影片。可以這麼說：沒有 4G 網路和 WiFi 的普及，影片不會成為人們主流的觀看媒介，紅人對於人們的情感支配便無法達到引爆點，就難以實現電商高轉化。

(3) 商流融合。與以往的品牌廣告不同的是，紅人與商品同時出現在人們時間線上。我們在 A 處獲得了某品牌的資訊，得去 B 處購買，但紅人電商的資訊來源和購買地點可以同時發生，兩者只相差一個連結的點擊。這讓紅人的每一次更新，都成為一次對於人們有限預算的搶奪。老套的轉發抽獎也好，賣藝賣萌的新手段也好，社交媒體上的同步，使得紅人電商不知不覺完成了時間和預算的雙重搶奪。社交資訊流、商品資訊流、媒體資訊流逐漸融合，界線變得模糊。在人們想到要購買某商品時，發現已經從紅人那裡獲得了夠多的滿足，這種即時轉化的效果，傳統的品牌廣告只有望洋興嘆。

一些模特出身的紅人，將網紅商場打造成兩部分，首先是人氣累積，其次是粉絲經營。

（1）粉絲累積方式多樣

- 顏值累積。「臉」一向是網紅的圈粉利器，而 Po 自拍也成為大多數網紅的第一步，當然，如果有團隊策劃師助力最好不過。

- 語言累積。有的網紅靠著或詼諧或犀利的語言風格，在各大社交軟體都能吸引一批死忠粉。

- 學識累積。一群依靠幫網友解答疑問的「大神」，迅速成為在特定圈子內頗具知名度的紅人。

- 分享累積。在美妝與服飾類網紅商場中較為常見，這類網紅在初期都會透過社交網路，分享自己日常搭配或者護膚心得，從而在線上吸引第一批的粉絲；當然，目前也存在不少每天分享幽默文章、或者時事新聞而矗立於網路的網紅。

- 曝光累積。這是最簡單直觀的方法，現在各個 App、影片網站甚至是電視台，都有「真人秀」式直播頻道，而目前透過這種曝光管道成長起來的網紅數量不少。

（2）經營粉絲打破常規

以模特身分活躍在平面紙媒和網站媒體上，是一些網紅邁出的第一步，而且因為不時在 Instagram 以及其他管道分享自己的私服搭配，從而獲得了不少粉絲的關注。但如何把這部分粉絲轉化成網拍粉絲，卻是個不小的考驗，那到底該怎麼做呢？

1·自建品牌定位中高價位，主打年輕

儘管目前購物平台充斥的男裝品牌不勝枚舉，但大多風格

相似——現在的很多情況是消費者搜索「男裝 T 恤」關鍵字，但跳出來的幾十個產品「長相」相似，甚至完全一樣；這給消費者帶來的購物體驗其實非常不好。在這樣的情況下，即使你把產品價格壓得很低，消費者也只會產生「大家東西都一樣，你價格還低？」的懷疑。因此建立自己的品牌，自主設計，「不參與低價競爭」，從而將品牌定位提升，反而更能吸引消費者注意——而且很重要的一點，從粉絲身分轉化過來的消費者，從一定程度上來說都更具「黏性」，比起稍作抬升的價格，其實他們更加關注與網紅的互動和產品品質。

其次，社交軟體，尤其是 Instagram，粉絲的年齡特點是偏年輕化，因此網拍風格也應該主打年輕潮流——這就需要賣家根據自己粉絲群體的特點適當調整，不能你的粉絲大多數為十八歲到二十五歲的年輕人，但你的網拍卻很傳統呆板。

鑒於網拍與購物平台氾濫的其他男裝區分，偏韓版、簡約的特色，順應粉絲群體特徵，儘管經營不久，每天的流量也能輕鬆破萬。

2．粉絲互動重要　視覺效果也重要

網紅商場與一般網拍相比，最大的特點在於上新款當天成交量巨大，幾秒鐘之內被「秒殺」，對於網紅商場來說並不是什麼難事。

但是，如此令人矚目的效果應該如何達成呢？就是要利用其他推廣管道大面積宣傳「上新款活動」，用心經營粉絲的帳號，除了生活紀錄之外，很大一部分內容可以是日常穿搭和官

網活動消息——這樣做的好處，在於能夠吸引新粉絲進入，並且篩選出適合轉化成網拍粉絲的人群。此外，這群粉絲還能夠成為宣傳強有力的「自發者」，幫店舖宣傳造勢。除了將現有粉絲透過其他社交工具引流至店舖外，紅人店的另一塊主要工作，就是提升產品品質和整套服裝搭配開發。除了擔任品牌設計師外，還兼任模特等多項工作，並且為粉絲提供服裝搭配參考服務。這些「附加」的服務儘管在店舖老闆看來略顯輕鬆，但對粉絲來說卻是一場不可多得的福利，把帳號粉絲用這些「細節」培養成產品的粉絲，而產品一旦獲得粉絲認可，網路紅人的粉絲效應就會變得非常明顯。

5.4　網紅與電商的結合

5.4.1　什麼是電商及網紅電商化

電商即電子商務，是以資訊網路技術為手段，以商品交換為中心的商務活動；也可理解為在網路、企業內部網和增值網（Value Added Network）上以電子交易方式相關服務的活動，是傳統商業活動各環節的電子化、網路化、資訊化。通常是指在全球各地廣泛的商業貿易活動中，在開放的網路環境下，基於瀏覽器、伺服器應用方式，買賣雙方不謀面進行各種商貿活動，實現消費者的線上購物、商戶之間的線上交易和線上付款以及各種商務活動、交易活動、金融活動和相關的綜合服務活動的一種新型的商業營運模式。各國政府、學者、企業界人士根據自己所處的地位，和對電子商務參與的角度和程度的

不同，給出了許多不同的定義。電子商務分為：ABC、B2B、B2C、C2C、B2M、M2C、B2A（即 B2G）、C2A（即 C2G）、O2O 等模式。

其實想要成為一名網紅，就像將網紅分類一樣，是一個複雜的過程。成為一個網紅，首先要明白自己或者是網紅本身代表了哪一群人，定位是什麼？嶄新的時代在全新的行動裝置時代，有各種各樣的平台將各種各樣的人群打散、細分，所以想要成名，就要在你的細分領域內成為真正意義上的紅人。

首先，現在的網紅就像明星一樣，要想成名就必須職業化，所以很多的網紅真正成功，就是把自己的紅作為職業。

其次，網紅要有一定的培訓體系，即網紅藝人培訓體系。

商業和網紅一定要結合得更緊密，為什麼要這麼說呢？明星之所以能成名，絕對不是因為一樁事件或演了一部電影，而是有一連串的商業操作。所以要有一個很強烈、很密切的商業體系和網紅連結在一起，網紅才會更加有生命力。

所以網紅電商化就是：網紅職業化，並建立一個長期的培訓和支撐體系，同時商業和網紅要緊密結合。網紅也許比明星更赤裸，因為明星還牽扯到電視節目和老百姓之間的關聯性。而網紅呢，是在網路上赤裸裸的和粉絲緊密交流，更加赤裸的商業化。可以看到很多網紅一紅起來馬上就變現，而明星還會不好意思，還企圖把很多商品變成品牌化，透過品牌化再展現零售的過程。

5.4.2　電商發展趨勢

更廣闊的環境：人們不受時間的限制，不受空間的限制，不受傳統購物的諸多限制，可以隨時隨地線上交易。

更廣闊的市場：在線上世界將會變得很小，一個商家可以面對全球消費者，而一個消費者可以在全球任何一家商店購物。

更快速的流通和低廉的價格：電子商務減少了商品流通的中間環節，節省了大量開支，從而也大大降低了商品流通和交易的成本。

更符合時代的要求：如今人們越來越追求時尚、講究個性，注重購物的環境，線上購物，更能體現個性化的購物過程。

5.4.3　營運模式

從內部結構上看，電商的營運模式有四種：

1·C2C 也就是消費者和消費者間的電子商務

C2C（Consumer to Consumer）指的是消費者和消費者間的互動交易行為，這種交易的方式比較多變。C2C 商務平台就是透過為買賣雙方提供了一個線上交易平台，使賣方能夠主動提供商品上傳拍賣，而買方能夠自行選擇商品競價。

比如消費者能夠同在某一競標網站或者是拍賣網站上，共同在線上出價，而由價高者得標。或者是由消費者自行在網路新聞論壇張貼布告，出售二手貨品，甚至是新品。

2．B2B 也就是企業和企業間的電子商務

B2B（Business to Business）電子商務是指以企業為主體，在企業間進行的電子商務的活動。指進行電子商務交易的供需雙方都是商家（或者是企業和公司），她（他）們使用了網路的技術或者是各種商務網路平台，完成商務交易。B2B 主要是針對企業內部和企業（B）與上下游協力廠商（B）間的資訊整合，並且在網路上進行的企業和企業之間交易。借由企業內部網（Intranet）建構資訊流通的基礎，及外部網路（Extranet）結合產業的上中下游廠商，達到供應鏈（SCM）整合。B2B 電子商務將會為企業帶來更加低的價格、更高的生產率和更低的勞動成本及更多的商業機會。

3．C2B 也就是消費者和企業間的電子商務

C2B（Consumer to Business）是商家透過網路搜索一個比較合適的消費者群，真正實現客製化消費。對消費者來說，是一種比較理想化的消費模式。

由客戶發布自己想要什麼東西，要求的價格是多少，然後再由商家決定是否接受客戶的要約。如果商家接受客戶的要約，那麼交易就成功了；如果商家不接受客戶的要約，那麼也就是交易失敗了。

這是一種創新的電子商務模式，和傳統的供應商主導商品不同，這主要是透過匯聚具有相似或者是相同需求的消費者，形成了一個比較特殊的群體，經過集體議價，以達到消費者購買的數量越多，價格也相對越低的目的。

　　電子商務的模式可從多個角度建立不同的分類框架，比較簡單的分類莫過於 B2C、B2B、C2B 以及 C2C 這樣的分類，但就各模式還可再去細分。

4・B2C 也就是企業和消費者間的電子商務

　　B2C（Business to Customer）就是企業透過網路銷售產品或者是服務給個人消費者。這是消費者利用網路直接參與經濟活動的形式，比較類似於商業電子化的零售商務。也就是企業透過網路為消費者提供一個新型的購物環境即線上商店，消費者線上購物以及線上付款，代表是亞馬遜的電子商務模式。這種模式節省了客戶與企業的時間以及空間，大大的提高了交易的效率，特別是對於工作比較忙碌的上班族，這種模式能夠為其節省寶貴的時間。

　　從表現形式上看，電商的營運模式豐富多彩：

1・綜合商城

　　商城，謂之城，自然會有許多店，是的，綜合商城就如我們平時進入現實生活中的大商城一樣。商城一樓可能是高級名牌，然後二樓是女裝，三樓男裝，四樓運動設備，五樓資訊數位，六樓特價等，納入多個品牌專賣店，這就是商城。而線上商城也是這個形式，它有龐大的購物群體，有穩定的網站平台，有完備的付款體系，誠信安全體系（儘管目前仍然有很多不足），促進了賣家進駐賣東西，買家進去買東西。如同傳統商城一樣，線上商城自己不賣東西，但提供了完備的銷售。而線上的商城，在人氣足夠、產品豐富、物流便捷的情況下，其

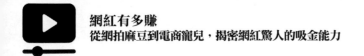
成本優勢，二十四小時的不夜城，無區域限制，更豐富的產品，等等優勢，體現著線上綜合商城即將獲得交易市場的一個角色。

2・連鎖商店

這種商店是自有倉庫，以備更快的物流配送和客戶服務，如沃爾瑪、屈臣氏、全聯。

3・垂直商店

垂直商店，服務於某些特定的人群或某種特定的需求，提供有關這個領域需求的全面及更專業的服務。

4・複合品牌店

佐丹奴（GIORDANO）是一個傳統服裝品牌，有多家直屬、加盟店。線上商城開了，佐丹奴進駐，而哪怕是所有的商城都倒掉，佐丹奴也有自己的獨立形象店，這就是傳統的品牌。當佐丹奴發現線上消費者和實體消費者不同的時候，他們大膽運用價格歧視，完善倉儲調配管理，透過網路銷售降低了店面陳列成本，分攤了庫存成本，優化了現金流通及貨品流通的運作。

類似這種店，隨著電子商務的成熟，將有越來越多的傳統品牌商加入電商戰場，以搶占新市場，拓充新管道，優化產品與管道資源為目標，一波大肆進軍的勢頭蠢蠢欲動。

5・輕型品牌店

PPG 的案例已傳遍大街小巷，儘管存在著諸多爭議，但新事物總是在爭議中產生。PPG 被眾多媒體棒打，儘管已經倒閉，但其首創的商業模式依然值得提及。

6・銜接通道型

M2E 是英文 Manufacturers to E-commerce（廠商與電子商務）的縮寫，是駕馭在電子商務上的一種新型行業，是一個以節省廠商銷售成本，和幫助中小企業的供應鏈資源整合的運作模式，在二〇〇七年美國電商高峰會上由知名經濟學家提出。

7・服務型網拍

某男子結婚了，跟老婆去歐洲度蜜月，拍了許多相片；可是，還沒回到家，親戚朋友們已經拿到了線上沖洗好的相片，有的嵌在骨瓷杯上，有的按自己的意願裝訂了漂亮的相框，放在爸爸媽媽房間。這種線上沖洗照片的公司，就是服務型網拍。

服務型的網店越來越多，都是為了滿足人們不同的個性需求，甚至是幫你排隊買電影票，都有人交易，很期待見到更多的服務形式的網店。

8・網購導航型

以導航模式收錄正規誠信的商城。收錄的正規誠信商城，解決了用戶需要記憶網購商城的煩惱，而且可以避免用戶因進入釣魚網站而造成經濟上的損失。這種類型的網購導航型網站，能夠讓對線上購物不了解的用戶迅速找到所需要的商城。

9・SNS-EC（社交電子商務）

社交電子商務（social commerce），是電子商務的一種新的衍生模式。它借助社交媒介、網路媒介的傳播途徑，透過社交互動、用戶自生內容等手段來輔助商品的購買和銷售行為。在 Web 2.0 時代，越來越多的內容和行為是由用戶產生和主導，比如 Facebook、Instagram。一般可以分為兩類。一類專注於商品資訊，主要透過用戶在社交平台上分享個人購物體驗、在社交圈推薦商品的應用；另一類是比較新的模式，透過社交平台直接介入了商品的銷售過程，如社交團購網站 Groupon。還有就是社交網店平台，例如法國的 Zlio，這類是讓用戶介入到商品銷售過程中，透過社交媒介銷售商品。

10・電子商務 ABC 模式

ABC 模式是新型電子商務模式的一種，被譽為繼 B2B 模式、B2C 模式、C2C 模式、N2C 模式之後電子商務界的第五大模式。是由代理商（Agents）、商家（Business）和消費者（Consumer）共同搭建，集生產、經營、消費於一體的電子商務平台。三者之間可以轉化。大家相互服務，相互支持，你中有我，我中有你，真正形成一個利益共同體。

11・團購模式

團購，就是團體線上購物，指認識或不認識的消費者聯合起來，加重與商家的談判籌碼，會取得最優價格的一種購物方式。根據薄利多銷的原則，商家可以提供低於零售價格的團購折扣和單獨購買得不到的優質服務。團購作為一種新興的電子

商務模式，透過消費者自行組團、專業團購網、商家組織團購等形式，提升用戶與商家的議價能力，並大大獲得商品讓利，引起消費者及業內廠商，甚至是資本市場關注。團購的商品價格更為優惠，儘管團購不是主流消費模式，但它所具有的爆炸力已逐漸顯露，現在團購的主要方式是網路團購。

12・線上訂購、實體消費模式

　　線上訂購、實體消費是 O2O 的主要模式，是指消費者在線上訂購商品，再到實體店消費的購物模式。這種商務模式能夠吸引更多熱衷於實體店購物的消費者，傳統網購的以次充好、圖片與實物不符等虛假資訊的缺點都將徹底消失。傳統的 O2O 核心是線上付款，而將 O2O 改良，把線上付款變成體驗後再付款，消除消費者對網購諸多方面不信任心理。消費者可以在線上眾多商家提供的商品裡面挑選最合適的商品，親自體驗購物過程，不僅放心有保障，而且也是一種快樂的享受過程。

5.4.4　網紅電商的營運優勢

1・推廣成本低

(1)　社交媒體坐擁巨大流量（可量化資產）。

(2)　不依賴任何排名、不需站內推廣。

(3)　粉絲忠誠度高，回購率遠超其他店舖。

2・挑款能力強

(1) 時尚高度，網紅或其團隊善於抓住或創造時尚潮流。

(2) 市場反應快，展示加粉絲互動投票，迅速把握市場偏向。

3・銷售測試成本低

(1) 庫存低，不需要囤貨銷售，粉絲投票後再生產。

(2) 利潤高，供應鏈對接完善，產品利潤一般可達 45%。

5.4.5 網紅經濟點燃社交電商

網路環境下，傳統的商業模式被顛覆，電商和社交化行銷逐漸主導市場，網紅經濟也由此誕生，是社群經濟發展過程中快時尚的演化。

「網紅」從一個社會現象，演變為一種經濟行為。網紅的本質是個性化品牌的表現形式，網紅經濟是粉絲經濟的一種。網紅目前的收入模式包括廣告、品牌合作、個人商場以及出場費用。這都意味著網紅不僅是博取眼球和新聞話題的網路人物，強大的變現能力逐漸讓網紅成為品牌商青睞的合作對象，是一類具有網路基因的新型行銷模式。

網紅經濟迅速崛起，與網拍品牌的崛起類似，他們也是從網拍上發跡，為電商平台導流是最初動作，目前已演變成內容營運。網紅透過自身影響力逐漸把站外的流量變現，除了開拓粉絲經濟之外，還帶動粉絲拉很多流量。網拍模特是網紅的前身，以分享品牌熱賣款為主；而現在的網紅則是自己開店，經營自己的品牌，開始管理供應鏈。網紅表現得更加專業化，開始走向企業經營形式。

不僅服裝領域，網紅經濟空間巨大，網路時代有一技之長且在某些領域有影響力的人，都有可能成為網紅。美女，遊戲高手、攝影達人都有特定的粉絲群體，均有潛力影響粉絲消費行為並變現。因此除了服裝，網紅經濟還包括電子競技、視覺素材、旅遊、母嬰用品等行業，影響範圍廣泛。未來，電競、旅遊、母嬰、整容等相關產業，網紅經濟的空間巨大。

社交電商是趨勢，網紅商場是社交化電商的重要體現，網紅行銷超越了過去平面或電視廣告的單向傳播，透過精準定位、推薦引導、評論互動，利用粉絲效應與市場預判實現精確高效的行銷效果，低成本和強變現能力是網紅經濟的優勢所在。但從趨勢來看，缺乏供應鏈方面和電商品牌營運上的優勢，很可能成為牽制其發展壯大的重要因素。

5.4.6　社交電商如何用好「網紅思維」

起於社交媒體的「網紅經濟」被看作是社交電商趨勢下的一個重要體現。那麼，以自帶粉絲流量為競爭優勢的網紅，對於「以人為流量」的行動社交電商有什麼樣的參考價值和指導意義？行動社交電商時代，企業如何善用「網紅思維」打好粉絲經濟這手牌？

1・看準定位，對品牌進行人格化塑造

正如我們剛才提到的「網紅經濟」本質，就是品牌進行人格化、達人化塑造，這個塑造可以多方面、涉及各個領域，比如除了我們最常見到的「時尚達人」這樣的網紅形象設定，我們還能透過社交媒體，塑造出養生達人、健身達人、美容達

人等各種領域的 KOL。當然，進行這個設定的前提是要對品牌、產品、目標人群，以及所選擇的 KOL 自身的優勢短板，都有比較明確的一個定位，然後有目的性、有節奏推進。可以說，KOL 的形象、特質就與產品和品牌給人帶來的感覺和印象息息相關。

2・持續輸出有價值的內容

將品牌進行人格化塑造只是第一步，有人會因此記住你，甚至成為你的粉絲，但這還不足以構成刺激他們購買的動力。再加上我們生活在這樣一個連動物都能成為網紅的資訊爆炸時代，受眾的興趣點分布廣、遷移快，粉絲的忠誠度也不是持久保鮮。

如何能持續為粉絲熱情加溫，並將其轉化為購買力？持續輸出有價值的內容，和粉絲談一場持久的精神戀愛是非常重要的。網紅經濟中，KOL 本身就是品牌最大的差異化競爭力。粉絲選擇你推薦或銷售的產品，是因為喜歡你、認可你、相信你，粉絲所選擇的並不是簡單的產品本身，而是透過你塑造的形象、輸出的內容，傳遞出來的一種生活態度和方式。

在進行內容輸出時，要注意以下幾點：

(1) 貴在堅持。堅持輸出自己，其實就是堅持輸出你的品牌和產品。

(2) 對什麼樣的人說什麼樣的話。比如粉絲有少女情懷、小資情調的都市白領，向這類人群輸出內容就要注意有格調、有情懷；粉絲很多是「七〇後」、「八〇後」的年輕媽媽，就要關注食品安全、育兒健康等，進行

內容傳播時有針對性，才是有效傳播。

(3) 新鮮感、刺激點。在人格化品牌中，對 KOL 的消耗較大。因此在營運過程中，KOL 需要不斷充實、提升自己，與用戶一起成長，而不是進行刻板化的內容輸出。

(4) 多平台化營運。粉絲在哪裡，你就在哪裡。除了 Facebook、Instagram 等平台，根據粉絲的分布特點，選擇不同管道、平台內容輸出。

3．注重粉絲營運、用戶體驗

網紅商場與一般網拍相比，有一個很大的優勢在於，網紅和粉絲間不是簡單的買賣關係，既可以作為某一方面的偶像、導師，也可以親切得像是身邊的朋友鄰居。而我們知道：越強、越深入的關係，對行銷的需求就越低。

網紅透過社交媒體與粉絲互動從而建立起信任感、親切感，除了能不斷提升客戶黏性，還能在互動過程中更清楚明白客戶需要什麼，進而能夠優化產品、服務。像現在很多網紅商場在上新款前要經過：挑款→粉絲互動（有興趣的人留言或按讚）→預購等步驟，讓粉絲（客戶）參與到產品的開發，實現精準生產和銷售。當然了，這個方法也不是只適用於服飾鞋包這樣的產品，對於一些稀缺性的、差異化的產品也是非常適合的。比如賣水果的店，除了大家比較熟悉的那些品種，還會不斷去各地尋找各種美味的水果，並將尋找的過程直播，獲得與粉絲、客戶良好互動的同時，再根據客戶的意向決定是否要訂貨、訂多少貨。

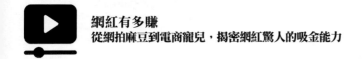
　　總結來說就是：透過連結和互動，增加客戶的購買頻率；透過信任和加強關係，可以使客單價不斷提升；透過推出符合客戶需求的新產品和服務，可以延長客戶的生命週期。

　　對於「網紅經濟」，儘管也有唱衰者，但是畢竟網紅經濟基於一種社交關係，為企業（尤其是依託社交電商平台的企業）提供了一定的品牌塑造、營運推廣等方面的新思路。

第 6 章

網紅案例

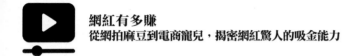
6.1 「洪荒少女」——傅園慧

傅園慧是一名中國女子游泳隊的選手，二〇一六年八月八日，在里約奧運女子一百公尺仰泳半決賽中，傅園慧以五十八秒九十五排名第三的成績晉級決賽。接受採訪時，傅園慧每一幀畫面都是天然表情包，對於自己的成績，傅園慧表示：「我游這麼快？！我已經很滿意了！」「我已經用了洪荒之力啦！」「這是我史上最好的成績了，我用了三個月去恢復，鬼知道我經歷了些什麼。」

八月九日，二〇一六里約奧運女子一百公尺仰泳決賽中，傅園慧和加拿大選手麥斯並列獲得銅牌。賽後第一時間接受採訪聽到自己五十八秒七十六的成績時，傅園慧驚呼：「哇，太快了，我打破了亞洲紀錄。」但她似乎還並不知道自己得了銅牌，而是自嘲：「我昨天把洪荒之力用完了，今天沒有力氣了，可能是我手太短了吧。」

傅園慧接受採訪時說話的表情誇張得令人難以置信，這段「洪荒之力」的採訪，讓她迅速紅遍兩岸。泳壇「小公舉」傅園慧獲封「行走的表情包」、「泥石流（土石流）女神」。她那略顯「神經質」的誇張表情和肢體語言，更透過鏡頭讓人忍俊不禁。上場前走錯泳道、接受媒體採訪時擺出各種姿勢和表情、訓練中屢屢「捉弄」教練和隊員，傅園慧誇張的舉動完全出自她的內心。

或許從今天起，我們可以把這個「瘋癲」女生與「傅園慧」的名字聯繫起來。傅園慧的「瘋癲」舉止是她的最大特點，尤

其在賽後採訪中更能夠彰顯她的與眾不同。絕大多數的中國選手賽後都會一本正經感謝自己的教練和家人，而傅園慧表情豐富，時而手指伸進鼻孔擺出怪異姿勢，時而全身顫抖表情痛苦，有時還會拿記者和隊友開玩笑。

　　傅園慧的影片走紅網路後，甚至海外主流媒體都開始關注，並大讚她是奧運最可愛的選手。傅園慧回應稱：「這個最可愛我真的當不起，能給大家帶來歡樂就好了。」

　　傅園慧變成了網紅，但她直言有些莫名其妙。「大家喜歡不喜歡都是緣分，爸爸一直相信我是最棒的。我從來都是這樣子，以前也有表情包，這次莫名其妙就紅了。」但以前，傅園慧的可愛和搞怪卻不被一些人接受。「我就是這樣的，但以前罵我的人很多，我很難過，我從來都是這樣的，不管你們這麼說，我就是這樣，我喜歡這樣，我自己得愛我自己，其他什麼都無所謂。」

官網

國家圖書館出版品預行編目資料

網紅有多賺：從網拍麻豆到電商寵兒，揭密網
紅驚人的吸金能力 / 唐江山、趙亮亮、于木 編 .
-- 第一版 . -- 臺北市 : 清文華泉，
2020.08
　面；　公分
ISBN 978-986-5552-02-2(平裝)

1. 網路產業 2. 網路行銷 3. 網路經濟學
484.6　　　109010904

網紅有多賺：從網拍麻豆到電商寵兒，揭密網紅驚人的吸金能力

作　　　者：唐江山、趙亮亮、于木 編
編　　　輯：簡敬容
發 行 人：黃振庭
出 版 者：清文華泉事業有限公司
發 行 者：清文華泉事業有限公司
E - m a i l：sonbookservice@gmail.com
粉 絲 頁：https://www.facebook.com/sonbookss/
網　　　址：https://sonbook.net/
地　　　址：台北市中正區重慶南路一段六十一號八樓 815 室
Rm. 815, 8F., No.61, Sec. 1, Chongqing S. Rd., Zhongzheng Dist., Taipei City 100,
Taiwan (R.O.C)
電　　　話：(02)2370-3310　　　傳　　　真：(02) 2388-1990
印　　　刷：京峯彩色印刷有限公司（京峰數位）

定　　　價：280 元
發行日期：2020 年 8 月第一版

臉書

蝦皮賣場